全国肉羊遗传改良计划技术指南

全国畜牧总站　组编

中国农业大学出版社
·北京·

内容简介

本书主要内容包括肉羊品种场内登记办法、肉羊性能测定技术规范、全国肉羊遗传改良计划（2015—2025）、《全国肉羊遗传改良计划（2015—2025）》配套管理办法及技术规范、相关法律法规与技术标准、国家肉羊核心育种场名单。

图书在版编目（CIP）数据

全国肉羊遗传改良计划技术指南/全国畜牧总站组编—北京：中国农业大学出版社，2019.6

ISBN 978-7-5655-2239-0

Ⅰ.①全…　Ⅱ.①全…　Ⅲ.①肉用羊—遗传改良　Ⅳ.①S826.93

中国版本图书馆 CIP 数据核字（2019）第 132022 号

书　名　全国肉羊遗传改良计划技术指南

作　者　全国畜牧总站　组编

策划编辑　李卫峰　　**责任编辑**　洪重光

封面设计　郑　川

出版发行　中国农业大学出版社

社　址　北京市海淀区学清路甲 38 号　　**邮政编码**　100083

电　话　发行部 010-62733489，1190　　读者服务部 010-62732336

编辑部 010-62732617，2618　　出　版　部 010-62733440

网　址　http://www.caupress.cn　　**E-mail** cbsszs@cau.edu.cn

经　销　新华书店

印　刷　北京时代华都印刷有限公司

版　次　2019 年 6 月第 1 版　　2019 年 6 月第 1 次印刷

规　格　787×1092　　16 开本　　7 印张　　170 千字

定　价　68.00 元

编　委　会

（农业农村部种业管理司　全国畜牧总站）

主　编　时建忠　孙好勤

副主编　马志强　杨红杰　陶伟国　杜立新　李发弟　田可川

编　委　李金泉　马月辉　周　平　柳　楠　张红平　洪琼花
陈玉林　曲绪仙　罗海玲　张　莉　赵俊金　邱小田
段忠意　周元清　孙志华

目　　录

第一章　肉羊品种场内登记办法

肉羊品种登记是指对具有种用价值的纯种羊的个体档案在本场或生产性能测定中心进行注册登记。种羊品种个体登记是育种工作的基础，目的是使每只种羊有一个合法的身份，保证每只种羊具有唯一的个体识别编码，保证每只种羊来源清楚、系谱完整，保障遗传评估的数据质量。

一、登记条件

满足下列条件之一即可申请登记：

1. 双亲为已登记的纯种；
2. 从国外引进已登记的羊或者注册的原种；
3. 三代系谱记录完整的个体；
4. 其他符合优良种羊条件的个体。

二、登记要求

1. 申请登记的种羊场必须取得“种畜禽生产经营许可证”，登记的种羊必须达到本品种标准，否则不予登记。

2. 要对登记羊的异动情况（出售、转移、死亡等），以及成年后的生产性能记录、遗传评定结果等信息不断地进行更新。

3. 国家肉羊核心育种场或生产性能测定中心于每年 1 月 15 日前向全国肉羊遗传改良计划领导小组办公室或评估中心提交上一年度品种登记资料。

4. 登记羊转移时需办理转移手续。

三、登记内容

登记内容如附录 1 所示，主要包括品种（及代码）、场名（及代码）、个体号、出生日期、出生场、性别、父亲号、母亲号和生产性能信息。

（一）羊只个体号（ID）编号规则

个体号是每只羊的身份识别号，每只种羊有一个全国唯一的个体号。每个个体的编号一旦确定后，就不再变动。当该个体转入其他场时，仍沿用此个体号，不得改动。羊只个体标识有耳标、条形码、电子识别标志等。

个体号由全国统一的种羊编号系统确定。该系统由24位字母和数字构成，即：场代码(15位)＋ 品种代码(2位)＋出生年度代码(2位)＋场内顺序号代码(5位)。

1.场代码：采用按照《畜禽标识和养殖档案管理办法》(农业部令第67号)规定，并在全国畜禽规模养殖信息服务云平台备案的畜禽养殖代码。

2.品种代码：采用与羊只品种(遗传资源)名称(英文名称或汉语拼音)有关的两位大写英文字母表示。品种代码规定参见表1-1，对新培育或引进的品种可以增补，但品种缩写代码不得与原有的品种代码重复。

3.出生年度代码：用实际出生自然年度的后两位数字表示。

4.场内顺序号代码：按照本场编号原则，给每只羊确定顺序号码，从00001至99999，不得重复。公羊顺序号尾数为奇数(1,3,5,7,9)，母羊顺序号尾数为偶数(2,4,6,8,0)。

5.场内编号具体做法：在本场内登记管理时，羊只耳标编号可以仅使用6位数(年度尾数＋5位顺序号)。种羊编号必须写在个体耳标上，佩戴在左耳上。

6.第一次使用该系统对现有在群种羊进行编号、佩戴耳标或登记、编写系谱档案等资料时，若种羊编号与以上规则不符，必须使用此规则进行重新编号，并保留新旧编号对照表。有条件的场最好提供每只登记羊的头部照片及左右侧照片，以备羊号与羊只不符时对照查询。

(二)个体变更登记

在本场登记过的种羊由于各种原因离开了本场，应在离场2周内进行变更登记，登记内容包括个体号、离场日期、离场原因(淘汰、死亡、出售)等。如果是出售，记录购入场名。

(三)种羊场内日常记录

包括羊群状况(数量、种羊等级、繁殖成绩)、配种记录、产羔记录、生产性能测定记录、种公羊卡片、种母羊卡片、后裔测验等信息。登记表格样式见附录1～8。

登记表的填写应由专人负责，手写字迹规整清楚，使用钢笔或签字笔，不能随意涂改，同时应将登记信息录入计算机管理系统。种羊登记和性能测定等纸质资料和电子资料档案应当长期保存。

表 1-1 羊品种(遗传资源)代码表(统计截至 2019 年 3 月)

序号	品种名称	代码	序号	品种名称	代码
1	阿勒泰羊	AL	41	广丰山羊	GF
2	安哥拉山羊	AG	42	广灵大尾羊	GD
3	敖汉细毛羊	AH	43	圭山山羊	GS
4	澳洲白绵羊	AB	44	贵德黑裘皮羊	GQ
5	澳洲美利奴羊	AM	45	贵州白山羊	GB
6	巴尔楚克羊	BC	46	贵州黑山羊	GH
7	巴美肉羊	BM	47	哈萨克羊	HS
8	巴什拜羊	BS	48	罕山白绒山羊	HB
9	巴音布鲁克羊	BL	49	汉中绵羊	HZ
10	白玉黑山羊	BY	50	和田羊	HT
11	板角山羊	BJ	51	河西绒山羊	HR
12	北川白山羊	BB	52	呼伦贝尔细毛羊	HX
13	波尔山羊	BO	53	呼伦贝尔羊	HL
14	策勒黑羊	CL	54	湖羊	HY
15	察哈尔羊	CY	55	黄淮山羊	HH
16	柴达木绒山羊	CR	56	济宁青山羊	JQ
17	柴达木山羊	CS	57	简州大耳羊	JD
18	成都麻羊	CM	58	建昌黑山羊	JH
19	承德无角山羊	CW	59	晋岚绒山羊	JL
20	川东白山羊	CD	60	晋中绵羊	JZ
21	川南黑山羊	CN	61	考力代羊	KL
22	川中黑山羊	CZ	62	柯尔克孜羊	KE
23	大尾寒羊	DW	63	科尔沁细毛羊	KX
24	大足黑山羊	DZ	64	莱芜黑山羊	LH
25	戴云山羊	DY	65	兰坪乌骨绵羊	LW
26	德国美利奴羊	DM	66	兰州大尾羊	LD
27	迪庆绵羊	DQ	67	崂山奶山羊	LN
28	东北细毛羊	DB	68	雷州山羊	LZ
29	都安山羊	DA	69	凉山半细毛羊	LS
30	杜泊羊	DO	70	辽宁绒山羊	LR
31	多浪羊	DL	71	龙陵黄山羊	LL
32	鄂尔多斯细毛羊	EX	72	隆林山羊	LY
33	凤庆无角黑山羊	FH	73	鲁北白山羊	LU
34	伏牛白山羊	FB	74	鲁西黑头羊	LX
35	福清山羊	FQ	75	鲁中山地绵羊	LM
36	甘肃高山细毛羊	GG	76	罗布羊	LB
37	赣西山羊	GX	77	罗平黄山羊	LP
38	高山美利奴羊	GM	78	吕梁黑山羊	LV
39	古蔺马羊	GL	79	麻城黑山羊	MH
40	关中奶山羊	GZ	80	马关无角山羊	MW

续表 1-1

序号	品种名称	代码	序号	品种名称	代码
81	马头山羊	MT	121	乌兰察布细毛羊	WL
82	美姑山羊	MG	122	乌冉克羊	WR
83	蒙古羊	MY	123	乌珠穆沁白山羊	WB
84	弥勒红骨山羊	ML	124	乌珠穆沁羊	WZ
85	岷县黑裘皮羊	MX	125	无角陶赛特羊	WT
86	闽东山羊	MD	126	西藏山羊	XS
87	南非美利奴羊	NF	127	西藏羊	XZ
88	南江黄羊	NH	128	夏洛莱羊	XL
89	内蒙古半细毛羊	NM	129	湘东黑山羊	XH
90	内蒙古绒山羊	NR	130	象雄半细毛羊	XB
91	内蒙古细毛羊	NX	131	小尾寒羊	XW
92	宁蒗黑绵羊	NL	132	新吉细毛羊	XJ
93	宁蒗黑头山羊	NS	133	新疆山羊	XY
94	奴比羊	NB	134	新疆细毛羊	XX
95	澎波半细毛羊	PB	135	兴安毛肉兼用细毛羊	XM
96	黔北麻羊	QM	136	牙山黑绒山羊	YH
97	青海高原毛肉兼用半细毛羊	QB	137	雅安奶山羊	YA
98	青海毛肉兼用细毛羊	QX	138	尧山白山羊	YS
99	萨福克羊	SF	139	叶城羊	YE
100	萨能奶山羊	SA	140	沂蒙黑山羊	YM
101	陕北白绒山羊	SR	141	宜昌白山羊	YC
102	陕北细毛羊	SX	142	酉州乌羊	YZ
103	陕南白山羊	SN	143	渝东黑山羊	YD
104	石屏青绵羊	SP	144	豫西脂尾羊	YW
105	泗水裘皮羊	SS	145	云岭山羊	YL
106	苏博美利奴羊	SM	146	云南半细毛羊	YB
107	苏尼特羊	ST	147	长江三角洲白山羊	CJ
108	塔什库尔干羊	TS	148	昭通绵羊	ZT
109	太行裘皮羊	TQ	149	昭通山羊	ZS
110	太行山羊	TH	150	昭乌达肉羊	ZR
111	滩羊	TA	151	中国卡拉库尔羊	ZK
112	陶赛特羊	TT	152	中国美利奴羊	ZM
113	特克赛尔羊	TE	153	中卫山羊	ZW
114	腾冲绵羊	TM	154	子午岭黑山羊	ZH
115	同羊	TO	155	欧拉羊	OL
116	吐鲁番黑羊	TF	156	乾华肉用美利奴羊	QH
117	洼地绵羊	WM	157	戈壁短尾羊	GW
118	威宁绵羊	WN	158	云上黑山羊	YY
119	威信白山羊	WX			
120	文登奶山羊	WD			

附录 1　中国肉羊品种登记表

品种：______　品种代码：______　省（自治区、直辖市）名称：______　场名称：______　登记日期：______　登记人：______

个体号（登记号）	出生日期	断奶日期	出生场

性别	纯种比例	是否多胎	是否胚移个体	相关 DNA 检测信息

体尺（cm）						
测定月龄	体高	体长	胸围	管围		

系谱			
亲代信息	个体登记号	出生日期	备注
父亲号			
母亲号			
祖父号			
祖母号			
外祖父号			
外祖母号			

体重（kg）					
初生	断奶	6 月龄	周岁	18 月龄	24 月龄

超声波测定					
测定日期	测定仪器型号	背膘厚（mm）	眼肌面积（cm^2）		

母羊配种记录							
胎次	初配日期	配妊日期	配妊次数	与配公羊号	流产日期	产羔日期	产羔难易*

*：1-顺产，2-助产，3-难产，4-剖腹。

附录 2　各类羊数量统计分析表(一)

品种：________　羊场名称：________________　分场(群)：________　年度：________　№：________

区　分	总计	种公羊	后备公羊	成年母羊	育成公羊	育成母羊	公羔	母羔	试情公羊
上年度末存栏羊数									
本年度整群选留羊数									
备注									

各类等级羊组成统计分析表(二)

品种：________ 羊场名称：________________ 分场(群)：________ 年度：________ №：________

区分	羊别	统计只数	一级		二级		三级		等外	
			只数	占比/%	只数	占比/%	只数	占比/%	只数	占比/%
上年度末羊群组成	种公羊									
	成年母羊									
	育成公羊									
	育成母羊									
本年度整群后羊群组成	种公羊									
	成年母羊									

母羊繁殖性能统计分析表(三)

品种：________ 羊场名称：____________________ 分场(群)：________ 年度：________ No：______

区分	预配母羊只数	实配母羊		受胎母羊		流产母羊		产死胎母羊		分娩母羊		产羔数		断奶成活		繁殖成活	
		只数	占比/%	只数	占比/%	只数	占比/%	只数	占比/%	只数	占比/%	只数	占比/%	只数	占比/%	只数	占比/%
经产																	
初产																	
合计																	

附录 3　母羊配种记录

品种：＿＿＿＿　羊场名称：＿＿＿＿＿＿＿＿　分场（群）：＿＿＿＿　年度：＿＿＿＿　№：＿＿＿＿

受配母羊	配种公羊	配种日期									预产日	备注
个体号	个体号	第一情期			第二情期			第三情期				
		一次	二次	三次	一次	二次	三次	一次	二次	三次		

附录 4　肉羊产羔记录

品种：＿＿＿＿　羊场名称：＿＿＿＿　分场（群）：＿＿＿＿　年度：＿＿＿＿　No：＿＿＿＿

产羔母羊				出生羔羊					备注
个体号	年龄	分娩日期	产羔数量	羔羊编号	性别	初生体重	初生鉴定		
							类型	主要特征	

附录 5　肉羊生产性能测定记录表(一)

品种：________　羊场名称：____________________　分场(群)：________　年度：________　No：________

个体号	月龄 *	体重	体高	体长	胸围	管围	背膘厚度	眼肌面积			备注

* 月龄包括 6 月龄、12 月龄和 18 月龄，分别测定。

肉羊生产性能测定记录表(二)

品种：________ 羊场名称：________________ 分场(群)：________ 年度：________ №：________

个体号	月龄	屠宰性能									胴体品质				备注
		宰前活重	胴体重	屠宰率	净肉率	肉骨比	背膘厚	眼肌面积	GR 值	尾脂重	肉色	pH	熟肉率	剪切力	

附录 6　种公羊卡片

个体号__________　品种__________　出生地(场)__________　出生日期__________

主要生产性能

年度	月龄	体重	体高	体长	胸围	管围	鉴定等级	生长育种值	备注

系　谱

父亲(个体号):		母亲(个体号):	
周岁体重:	胸围:	周岁体重:	胸围:
24 月龄体重:		24 月龄体重:	
体高:	鉴定等级:	体高:	鉴定等级:
体长:	生长育种值:	体长:	生长育种值:
			繁殖育种值:
祖父号:	**祖母号:**	**外祖父号:**	**外祖母号:**
24 月龄体重:	24 月龄体重:	24 月龄体重:	24 月龄体重:
体高:	体高:	体高:	体高:
体长:	体长:	体长:	体长:
胸围:	胸围:	胸围:	胸围:
鉴定等级:	鉴定等级:	鉴定等级:	鉴定等级:
生长育种值:	生长育种值:	生长育种值:	生长育种值:
	繁殖育种值:		繁殖育种值:

附录 7　种母羊卡片(一)

个体号＿＿＿＿＿　品种＿＿＿＿＿　出生地(场)＿＿＿＿＿　出生日期＿＿＿＿＿

主要生产性能

年度	月龄	体重	体高	体长	胸围	管围	鉴定等级	生长育种值	繁殖育种值
备注									

系　谱

父亲(个体号):		母亲(个体号):	
周岁体重:	胸围:	周岁体重:	胸围:
成年体重:		成年体重:	
体高:	鉴定等级:	体高:	鉴定等级:
体长:	生长育种值:	体长:	生长育种值:
			繁殖育种值:
祖父号:	**祖母号:**	**外祖父号:**	**外祖母号:**
24 月龄体重:	24 月龄体重:	24 月龄体重:	24 月龄体重:
体高:	体高:	体高:	体高:
体长:	体长:	体长:	体长:
胸围:	胸围:	胸围:	胸围:
鉴定等级:	鉴定等级:	鉴定等级:	鉴定等级:
生长育种值:	生长育种值:	生长育种值:	生长育种值:
	繁殖育种值:		繁殖育种值:

种母羊卡片(二)

产羔成绩

产羔日期	羔羊初生鉴定						羔羊断奶鉴定						
	产羔数量	羔羊编号	初生重	毛色	品种类型	主要特征	断奶日龄	体重	体型结构	体高	体长	胸围	备注

附录 8　种公羊后裔测验登记表

品种：______　羊场名称：______　分场(群)：______　年度：______　№：______

种公羊号：

羔羊号	出生鉴定	断奶等级	6 月龄性能							周岁性能						
			体重	体高	体长	胸围	管围	背膘厚	眼肌面积	体重	体高	体长	胸围	管围	背膘厚	眼肌面积

第二章　肉羊性能测定技术规范

肉羊性能测定是指对待选肉羊个体性状表型值进行评定的一种育种措施。肉羊性能测定根据组织方式可分为测定站测定和场内测定。测定站测定是指将所有待测个体集中在一个专门的性能测定站或某一特定牧场进行统一测定。场内测定是指直接在羊场内进行的性能测定。

一、性能测定的基本原则

1. 性能测定必须严格按照科学、系统和规范的规程实施，同一类育种方案中，性能测定的规程必须统一。

2. 性能测定结果应客观、准确和可靠。

3. 性能测定的实施要保持连续性和长期性。

4. 性能测定指标应根据育种方向确定，并随技术的发展适时改进测定方法和记录管理系统。

二、性能测定的基本要求

(一)测定场(站)的基本要求

1. 测定场(站)应具有相应的仪器设备和量具，应满足测定项目的精度要求，并由专人管理和使用。

2. 测定场(站)应由具有中专以上学历或取得专业技能资格证书的人员专门负责测定和数据记录。

3. 测定场(站)场区和圈舍通风良好，光线充足，饮用水洁净，温湿度适宜，环境及其卫生条件符合 NY/T 388—1999 和 NY/T 1167—2006 中的要求。

4. 测定场(站)应有健全的卫生防疫和检疫制度，科学合理的免疫程序，待测群体健康状况良好。

5. 同一测定场(站)待测羊只的饲养管理条件应一致，营养水平应达到相应饲养标准的要求。

(二)受测羊只的基本要求

1. 体型外貌符合品种标准。
2. 个体本身及其父母系谱清晰、准确。
3. 个体本身及其同胞均无遗传缺陷。
4. 生长发育正常,健康状况良好。
5. 免疫注射符合免疫规程的要求,且记录完整。

三、性能测定的主要性状

肉羊性能测定的性状主要有生长发育与育肥性状、屠宰与胴体性状、肉质性状和繁殖性状等,兼用品种还有毛用、绒用、皮用、奶用等性状。

(一)生长发育与育肥性状

生长发育与育肥性状主要有初生、断奶、6 月龄、周岁、18 月龄和 24 月龄体重;6 月龄、周岁、18 月龄和 24 月龄时的体高、体长、胸围、管围等体尺;某一年龄段或育肥期间的日增重、料重比等;肉毛兼用羊和肉绒兼用羊还分别有剪毛后体重和抓绒后体重。

(二)屠宰与胴体性状

屠宰与胴体性状主要有宰前活重、胴体重、屠宰率、净肉率、肉骨比、背膘厚、GR 值、眼肌面积、尾(臀)脂重等。

(三)肉质性状

肉质性状包括肉色、pH、滴水损失、熟肉率、剪切力等。

(四)繁殖性状

繁殖性状主要有初情期日龄、初配日龄、受胎率、情期受胎率、产羔数、断奶羔羊数、断奶日龄、产羔间隔、产羔率、成活率、阴囊围、采精量、精子活率、精子密度、精子畸形率等。

(五)其他性状

其他性状有毛用、绒用、皮用、奶用等性状。

四、主要性状的测定方法

测定前对仪器和量具进行校准。活体测定时，使受测羊只在坚实平坦地面端正站立并保持自然状态。测定结果保留 1 位小数，计算结果保留 2 位小数。

（一）生长发育与育肥性状

1. 体重

初生重为羔羊出生后 1 h 内吃初乳前的活重，其他年龄段的体重为羊只禁食 12 h 称得的活重，以千克(kg)表示。剪毛后体重和抓绒后体重分别在剪毛和抓绒后立即称取。

2. 体高

用测杖测得的鬐甲最高点至地面的垂直距离，以厘米(cm)表示。

3. 体长

即体斜长，用测杖测得的肩端前缘至臀端后缘的距离，以厘米(cm)表示。

4. 胸围

用圈尺测得的肩胛骨后缘处躯体的垂直周径，以厘米(cm)表示。

5. 管围

用软尺测得的左前肢管部上三分之一最细处的水平周径，以厘米(cm)表示。

6. 日增重

某一年龄段或育肥期间平均每天增加的体重，以克/天(g/d)表示。计算公式：

$$\text{日增重(g/d)} = \frac{\text{结束时体重} - \text{开始时体重}}{\text{结束时日龄} - \text{开始时日龄}}$$

7. 料重比

每单位体增重所消耗的精粗饲料量。计算公式：

$$\text{料重比} = \frac{\text{饲料消耗量}}{\text{体增重}}$$

(二)屠宰与胴体性状测定

待测羊只宰前24 h禁食,保持安静的环境和充足的饮水,宰前2 h禁水后称羊只活重。宰后颈动脉充分放血,剥皮后自第一颈椎与枕骨大孔间环割去头,前肢腕关节和后肢飞节以下部位卸蹄,顺腹中线开膛,取出内脏(保留肾脏及肾脂)后用左半胴体测定和计算有关指标。

1.宰前活重

待测羊只宰前禁食24 h、禁水2 h后称得的羊只活重,以千克(kg)表示。

2.胴体重

将待测羊只屠宰后,去皮、头、蹄以及内脏(保留肾脏及肾脂),静置30 min后称得的胴体重为热胴体重,0～4℃排酸24 h后称得的胴体重为冷胴体重,均以千克(kg)表示。

3.屠宰率

胴体重占宰前活重的百分数。计算公式:

$$屠宰率=\frac{胴体重}{宰前活重}\times 100\%$$

4.净肉率

将胴体上的肌肉、脂肪、肾脏剔除后称量骨重,并以胴体重与骨重差值作为净肉重。要求在剔肉后的骨上附着的肉量及耗损的肉屑量不能超过1%。净肉率指净肉重占宰前活重的百分比。若用净肉重占胴体重的百分比,则为胴体净肉率。计算公式:

$$净肉率=\frac{净肉重}{宰前活重}\times 100\%$$

$$胴体净肉率=\frac{净肉重}{胴体重}\times 100\%$$

5.肉骨比

指胴体净肉重与胴体骨重之比。计算公式:

$$肉骨比=\frac{胴体净肉重}{胴体骨重}$$

6.背膘厚

指胴体第12对肋骨与第13对肋骨之间眼肌中部正上方脂肪厚度(图

2-1)，以毫米(mm)表示。用游标卡尺测量。

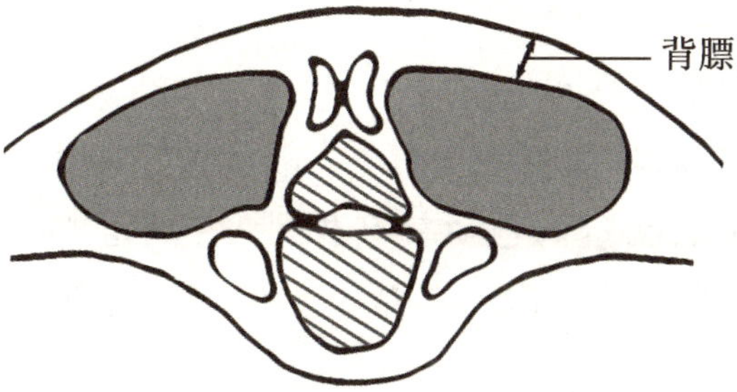

图 2-1 背膘厚的测定部位

7. GR 值

指胴体第 12 与第 13 肋骨之间，距背脊中线 11 厘米(cm)处的组织厚度，作为代表胴体脂肪含量的标志(图 2-2)，以毫米(mm)表示。用游标卡尺测量。

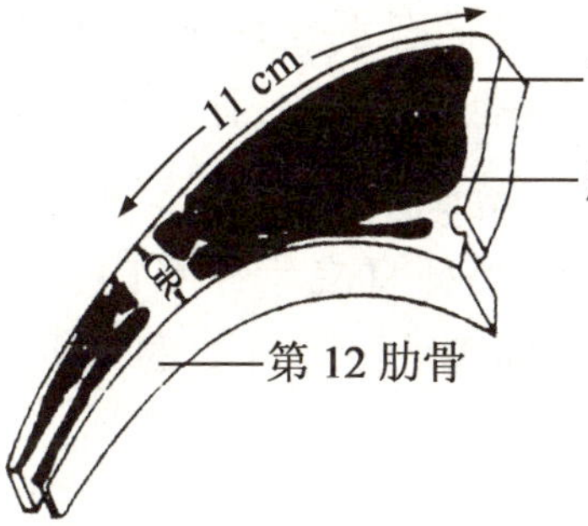

图 2-2 GR 值测定部位

8. 眼肌面积

指冷胴体第 12 与第 13 肋骨之间眼肌(背最长肌)的横切面积。一般用硫酸绘图纸描绘出冷胴体眼肌横切面的轮廓，再用求积仪计算出面积，以平方厘米(cm^2)表示。如无求积仪，准确测量眼肌轮廓的高度和宽度，用以下公式估测眼肌面积：

$$眼肌面积=眼肌高度\times眼肌宽度\times0.7$$

9. 尾(臀)脂重

胴体分离尾(臀)脂，称得尾(臀)脂重量，以克(g)表示。

(三)肉质性状

采集 0～4℃排酸 24 h 的左侧胴体背最长肌或者其他部位肌肉样进行肉

品质相关指标测定。

1. 肉色

用色差仪测定背最长肌的亮度 L^*、红度 a^* 和黄度 b^*。测定部位为胸腰椎结合处背最长肌，将样品修整为厚 3 cm，放置在操作台上，在平整的肌肉切面上随机选择 1 个点测定肉色后旋转样品 45°测定 1 次，然后再旋转样品 45°测定 1 次，亦即每个点测 3 次。共测 3 个点，即 3 个平行样。3 个平行样测定结果偏差应小于 5%。

2. pH

利用肉用 pH 计测定背最长肌的 pH。每个肉样测 2 个平行样，每个平行样测定 2 次。2 个平行样测定结果偏差应小于 5%。

3. 滴水损失

取胸腰椎结合处背最长肌，剔除表面脂肪和结缔组织，沿肌纤维走向将肉块修整为 5 cm×3 cm×2 cm 的长条，用 S 形挂钩挂住肉条一端，悬挂于一次性透明塑料杯内，保证在静置状态下肉块不与杯壁接触。然后将塑料杯置于 7 号自封袋内(规格为 20 cm×14 cm)，使 S 形挂钩上端露出袋口，将袋沿封口封好，置于 0～4℃冰箱中保存 24 h。若冰箱有挂架，将 S 形挂钩上端挂于挂架；若冰箱无挂架，可将塑料杯直立于冰箱内。24 h 后取出肉块，用滤纸轻轻吸干肉块表面的水分，用精度为 0.001 g 的天平测定悬挂后的肉样重量，计算滴水损失。计算公式：

$$\text{滴水损失}=\frac{\text{肉样挂前重}-\text{肉样挂后重}}{\text{肉样挂前重}}\times 100\%$$

4. 熟肉率

取左侧腰大肌中段约 100 g 或背最长肌 30 g，剔除表面脂肪和结缔组织。将样品置于 5 号保鲜自封袋内(规格为 15 cm×10 cm)，挤尽袋内气体后封口，放置恒温水浴锅内在 100℃水浴 45 min，在室温下(20℃左右)冷却 20 min 后，取出样品用滤纸吸干表面水分，用精度 0.001g 的天平测定蒸煮前后肉样重量。计算公式：

$$\text{熟肉率}=\frac{\text{肉样蒸后重}}{\text{肉样蒸前重}}\times 100\%$$

5. 剪切力

取背最长肌，剔除表面脂肪与结缔组织，修剪成约 6 cm×3 cm×3 cm 的肉样，将样品置于 5 号保鲜自封袋内(规格为 15 cm×10 cm)，挤尽袋内气体后封口，放入恒温水浴锅内在 80℃水浴 1 h，取出肉样吊挂于阴凉干燥处，室温(20℃左右)晾 20 min。用直径 1.27 cm 的圆形取样器沿肌纤维方向取中心部肉样，修剪为约 1.5 cm×1.0 cm×1.0 cm 的测试样块不少于 6 块，然后用质构仪测定剪切力，以牛顿(N)表示。

(四)繁殖性状

1.初情期日龄

指母羊初次发情排卵或公羊通过交配能够射精使母羊受孕的日龄。

2.初配日龄

指羊只初次配种时的日龄。

3.受胎率

指受胎母羊数占参加配种母羊数的百分比。计算公式：

$$受胎率=\frac{受胎母羊数}{参加配种母羊数}\times100\%$$

4.情期受胎率

指一个情期内受胎母羊数占配种母羊数百分比。计算公式：

$$情期受胎率=\frac{情期受胎母羊数}{参加配种母羊数}\times100\%$$

5.产羔数

指母羊一胎所产全部羔羊(含死胎)数，所产全部活羔羊数称为产活羔羊数。

6.断奶羔羊数

指羔羊断奶时母羊所有的成活羔羊数。

7.断奶日龄

指羔羊断奶时的日龄。

8.产羔间隔

指母羊两个胎次之间间隔的天数。

9.产羔率

指出生羔羊数占分娩母羊数的百分比。计算公式：

$$产羔率=\frac{出生羔羊数}{分娩母羊数}\times100\%$$

10. 成活率

指成活羔羊数占出生活羔羊数的百分比。计算公式：

$$成活率=\frac{成活羔羊数}{出生活羔羊数}\times 100\%$$

11. 阴囊围

用软尺测得的阴囊围度最大处的水平周径。在公羊断奶、6 月龄、12 月龄、18 月龄和 24 月龄时测量，以厘米(cm)表示。

12. 采精量

公羊一次采精的精液量，以毫升(mL)表示。

13. 精子活率

指在 38℃的室温下直线前进的精子数占总精子数的百分率。检查时以灭菌玻璃棒蘸取 1 滴精液，放在载玻片上加盖玻片，在显微镜下放大 400 倍观察。全部精子都做直线前进运动评为 1 分，90%的精子做直线前进运动为 0.9 分，以下依此类推。

14. 精子密度

指每毫升精液中所含的精子数。用血细胞计数板法，数 5 个中方格中的精子数，计算公式：

1 mL 原精液内的精子数=5 个中方格的精子数×5×10×1 000×稀释倍数。

15. 精子畸形率

指精液中形态不正常的精子数占总精子数的百分率。

(五)其他性状

毛用、绒用、皮用、奶用等性状按《绵、山羊生产性能测定规范》(NY/T 1236—2006)中的方法进行测定，测定时可随技术的发展改进测定方法。

第三章　全国肉羊遗传改良计划（2015—2025）

我国是养羊大国，羊存栏量、出栏量和羊肉产量均居世界第一位。加快发展肉羊产业，对于优化畜牧业结构、增加农牧民收入、满足羊肉消费需求、促进社会和谐稳定具有重要作用。种业是现代肉羊产业发展的基础，遗传改良是提高肉羊产业竞争力的重要抓手。为加快肉羊遗传改良进程，完善肉羊良种繁育体系，增强肉羊综合生产能力，促进肉羊产业持续健康发展，制定本计划。

一、我国肉羊遗传改良现状

1949 年以来，我国绵羊、山羊饲养和育种工作取得了长足的进步。近三十年来，在市场拉动下，我国羊育种方向由毛用为主逐步转向肉用为主，肉羊良种繁育和遗传改良工作稳步推进，对提升肉羊产业发展水平发挥了重要作用。

（一）遗传资源丰富多样

我国绵羊、山羊遗传资源十分丰富，列入《中国畜禽遗传资源志·羊志》中的地方品种共 100 个，其中绵羊 42 个、山羊 58 个。小尾寒羊等 27 个优良地方品种纳入《国家级畜禽遗传资源保护名录》。这些地方品种耐粗饲，抗逆性和抗病力强，生产性能各具特色，是我国肉羊产业可持续发展的宝贵资源和育种素材。同时，从国外引进了一批优良肉羊品种，育成肉用绵羊品种 3 个、山羊品种 2 个，丰富了我国肉羊遗传资源。

（二）良种繁育体系初步建立

与区域布局相适应，以原种场和资源场为核心，以繁育场为支撑，满足不同生产方式和生产规模需求的肉羊良种繁育体系初步建立。截至 2014 年年底，全国共有 1730 个种羊场，其中绵羊种羊场 814 个，存栏种羊 250.2 万只；山羊种羊场 916 个，存栏种羊 82.4 万只；国家级羊资源保种场 20 个、保护区 4 个。

(三)生产水平稳步提高

随着良种的普及和饲养管理方式的改进，肉羊个体生产性能明显提高，产业综合生产能力稳步提升。2014 年，全国羊存栏 3.03 亿只、出栏 2.87 亿只，比 1980 年分别增加 1.16 亿只、2.45 亿只，年均增长 1.4%、5.8%；羊肉产量 428.2 万 t，是 1980 年的 9 倍。羊出栏率由 1980 年的 23%提高到 2014 年的 95%，胴体重由 10.5 kg 提高到 14.9 kg。

虽然我国肉羊遗传改良工作取得了较大的成绩，但与新阶段肉羊产业发展的实际需求相比，仍存在一些亟待解决的突出问题。一是基础工作滞后。选育和杂交利用工作缺乏有效的规划与指导。品种选育手段落后，良种登记、性能测定、遗传评估等基础工作尚未系统开展。部分品种改良方向和技术路线不明确，无序混乱杂交现象比较严重。二是软硬件条件较差。大部分种羊场育种基础设施和装备落后，育种技术力量不足，核心群体规模小，种羊质量参差不齐，生产性能不高。三是良种培育进展缓慢。良种繁育体系不健全，选育效率较低，地方品种的优良特性没有得到有效挖掘。国产肉用专门化品种数量少、性能不高，育种核心种源依赖进口的局面未从根本上扭转。

二、指导思想和目标

(一)指导思想

发挥市场配置资源的决定性作用，坚持本品种持续选育和新品种培育并重，以提高个体生产性能和产品品质为主攻方向，以提升供种能力和质量为核心，以国家肉羊核心育种场为载体，加强政策扶持，强化科技支撑，完善良繁体系，规范开展肉羊良种登记、性能测定、遗传评估等育种工作，扎实有序推进杂交改良，持续提高良种化水平，为促进肉羊产业发展提供种源保障。

(二)总体目标

到 2025 年，建设国家肉羊遗传评估中心 1 个，区域性生产性能测定中心 6～8 个，遴选国家肉羊核心育种场(原种场和新品种选育场)100 家，重点选择 35～40 个肉用特点明显、适应性强、推广潜力大的地方品种开展本品种选育，持续选育提高育成品种和主要引进品种性能，培育 10 个左右肉羊新品种，肉羊群体生产性能稳步提高。

(三)主要任务

1.确定重点选育的地方品种、育成品种、引进品种,制定选育方案,指导品种选育;筛选适宜杂交组合,指导品种利用。

2.建立国家肉羊遗传评估中心和区域性生产性能测定中心,开展遗传评估,指导实施肉羊生产性能测定。

3.制定遴选标准,遴选国家肉羊核心育种场,组建肉羊育种核心群,开展本品种选育和新品种培育。

4.在国家肉羊核心育种场开展良种登记,健全种羊系谱档案。

(四)主要指标

1.2025年前完成100家肉羊核心育种场遴选,形成纯种基础母羊15万只的核心育种群。

2.完成肉羊核心育种场在群种羊良种登记,逐步形成连续完整的种羊系谱档案,实现种群动态跟踪。

3.到2025年,100个国家肉羊核心育种场每年种羊性能测定数量达到10万只以上。

4.到2025年,重点选育的地方品种主要肉用性能提高10%以上;新培育品种主要肉用性能比亲本平均提高12%以上;绵羊产羔率牧区达到120%以上、农区达到150%以上,山羊产羔率达到180%以上。

三、主要肉羊品种的遗传改良思路

(一)地方品种

1.绵羊

我国地方绵羊品种资源丰富,一般具有耐粗饲、适应性强等特点,但生长速度慢、肉用性能不佳。地方绵羊性能测定滞后,选育力度不够,种群遗传进展缓慢。

地方绵羊遗传改良的重点是,开展乌珠穆沁羊、小尾寒羊、湖羊、滩羊、哈萨克羊、藏羊等品种的选育,制定各品种的选育方案,扩大育种群规模,推进良种登记和性能测定,提高肉用生产性能和种群供种能力,形成由育种群、扩繁群、商品群组成的育种和生产体系。同时,在系统规划的基础上,因地制宜开展杂交组合筛选,利用育成品种和引进良种作为杂交父本,进行规模化高效经济杂交。对规模较大、有一定选育基础的地方品种杂种群体，制定选育计划，开展肉羊新品种培育。

2.山羊

我国地方山羊品种较多，主要集中在中原及南方地区，具有早熟、繁殖力高和适应性强等特点，但存在个体小、生长速度慢、饲料转化率低、产肉量少等缺点。山羊良种繁育体系不完善，缺乏系统选育，品种内个体生产性能差异较大。杂交改良缺乏长远的规划和科学的选配计划，造成一些地方品种性能退化，纯种数量下降，杂交群体血统不清。

地方山羊遗传改良的重点是，开展黄淮山羊、成都麻羊、马头山羊、云岭山羊、贵州山羊等品种的选育，扩大育种群规模，开展性能测定、良种登记，重点选育肉用性能。同时，结合不同地区肉羊生产特点，在系统规划的基础上，筛选优势杂交组合，进行规模化、特色化经济杂交。对已形成的引进品种与地方品种高代杂种群体，建立育种群，针对生长发育速度、早熟性、肉品质开展系统选育，培育肉用山羊新品种。

（二）育成品种

对已育成的巴美肉羊、昭乌达羊、察哈尔羊等肉用绵羊品种，南江黄羊、简州大耳羊等肉用山羊品种，重点选育提高肉用性能和群体整齐度。系统开展性能测定和良种登记，持续提高单产水平和种群供种能力。加大品种推广力度，筛选适宜的经济杂交模式，发展集约化、标准化生产。

（三）引进品种

我国引进的肉羊品种较多，目前在生产中应用的主要有无角陶赛特、特克塞尔、萨福克、杜泊、澳洲白、德国肉用美利奴、南非肉用美利奴和波尔山羊等品种。除作为新品种培育的素材外，经过与地方品种多年杂交，形成了多种类型的杂交群体，但缺乏科学的系统选育和杂交利用。

引进品种遗传改良的重点是，通过持续选育和种群扩繁，建立商业化育种体系，适度引进优质种羊或胚胎、精液等遗传物质，扩大育种群，进行良种登记，逐步形成连续完整的种羊系谱档案。在场内生产性能测定的基础上，开展统一、规范的跨群遗传评估，持续提高供种能力和质量，缩小与国外先进水平的差距。同时，根据不同品种特点，确定适于杂交利用的区域，建立和优化杂交繁育体系，充分利用杂种优势。

（四）新品种培育

新品种培育的重点是，以地方品种和引进品种为育种素材，以企业为主体,明确育种目标,制定品种培育方案,开展持续系统培育。

牧区新品种培育的主攻方向是:在保持良好适应性的前提下,突出肉用性能和繁殖性能,兼顾毛用或皮用性能。

农区新品种培育的主攻方向是:繁殖性能高,生长发育快,饲料转化率高。

四、主要工作内容

(一)开展重点品种选育和利用

1. 实施内容

根据肉羊优势区域布局和遗传资源现状,确定重点选育品种,制定选育和利用方案。

2. 任务指标

2016 年前确定重点选育品种,2018 年前提出各品种选育与利用方案。

(二)建立种羊遗传评估和生产性能测定体系

1. 实施内容

建设国家肉羊遗传评估中心,制定种羊遗传评估方案,完善生产性能测定标准和管理规程,构建国家肉羊育种数据库和数据交流共享平台,开展数据的收集、分析评估和发布。

设立区域性肉羊生产性能测定中心,组织和指导国家肉羊核心育种场持续开展种羊生产性能测定等工作。

2. 任务指标

2020 年前,建设国家肉羊遗传评估中心 1 个,设立区域性肉羊性能测定中心 6～8 个。

(三)遴选国家肉羊核心育种场

1. 实施内容

制定国家肉羊核心育种场遴选标准,采取企业自愿、省级畜牧兽医行政主管部门审核推荐的方式,遴选 100 个国家肉羊核心育种场。

2. 任务指标

2020 年前,完成 50 个国家肉羊核心育种场的遴选,核心育种群基础母羊达到 5 万只,相关育种设施设备配套齐全。2025 年前,累计完成 100 个国家肉羊核心育种场的遴选，形成基础母羊总存栏15万只的肉羊核心育种群。国家肉羊核心育种场规范开展生产性能测定，及时上报有关数据。

(四)组织开展良种登记

1. 实施内容

制定肉羊良种登记技术规范，组织国家肉羊核心育种场开展良种登记。

2. 任务指标

2025年前完成100个国家肉羊核心育种场在群种羊良种登记，逐步形成连续完整的种羊系谱档案。

五、保障措施

(一)加强组织管理

农业部*畜牧业司组织成立全国肉羊遗传改良计划工作领导小组，负责计划实施的顶层设计、统筹协调、监督管理、绩效评价等。全国畜牧总站具体负责计划实施，组织制定重点选育品种遗传改良方案，遴选国家肉羊核心育种场，指导开展生产性能测定、良种登记、良种推广等工作。省级畜牧兽医行政主管部门和技术支撑单位负责本辖区内的肉羊遗传改良工作，具体负责国家肉羊核心育种场资格审查和日常监管，督促开展生产性能测定、良种登记等工作，加强杂交改良指导、种羊质量监督等。主产省区要因地制宜制定实施本区域肉羊遗传改良计划。

(二)强化技术支撑

依托产业技术体系和科研院所的力量，组织成立全国肉羊遗传改良计划专家组，负责制定相关技术规范和重点选育品种的遗传改良方案，开展遗传改良技术培训，为国家肉羊核心育种场开展性能测定、良种登记、杂交利用等工作提供技术支撑。全国肉羊遗传评估中心和区域性生产性能测定中心要按照遗传改良计划的要求，切实加强对测定数据的分析，做到科学测定、准确评估、及时指导。

(三)建立动态管理机制

向社会公开发布国家肉羊核心育种场名单，接受行业监督。国家肉羊核

---

* 注：2018年3月已撤销农业部并设立农业农村部

心育种场要认真履行规定义务，积极开展良种登记、性能测定等工作，及时上报育种数据。建立专家组与国家肉羊核心育种场对口联系制度，联系专家要为企业日常育种工作提供技术指导，协助解决育种技术问题。建立肉羊核心育种场绩效评价和退出机制，实行动态管理，定期组织开展国家肉羊核心育种场考核评估，及时淘汰不合格企业。

(四)加大政策支持力度

逐步建立以政府资金为引导、企业投入为主体的多元化投融资机制，充分调动企业参与肉羊遗传改良工作的积极性。加大对肉羊核心育种场建设、生产性能测定、新品种培育、优良地方品种资源保护等重点环节支持力度。继续推进肉羊良种繁育推广，加快品种改良步伐，提高肉羊生产良种化水平。

(五)推进产学研联合

开展政产学研大协作，集成整合国家肉羊核心育种场、科研院所和技术推广部门等力量，构建自主、高效育种体系，扎实推进肉羊群体遗传改良。同时，适当引进国外优良种质资源，鼓励国内国外企业、科研机构开展育种合作，不断提升我国肉羊种业发展水平。

第四章 《全国肉羊遗传改良计划(2015—2025)》配套管理办法及技术规范

为贯彻落实《全国肉羊遗传改良计划(2015—2025)》(农办牧〔2015〕17号)文件精神,促进肉羊产业持续健康发展,经农业部畜牧业司同意,全国畜牧总站组织制定了《〈全国肉羊遗传改良计划(2015—2025)〉配套管理办法及技术规范》,包括全国肉羊遗传改良计划管理办法、国家肉羊核心育种场遴选程序、国家肉羊核心育种场遴选标准。

第一节 全国肉羊遗传改良计划管理办法(试 行)

第一条 为保障《全国肉羊遗传改良计划(2015—2025)》(农办牧〔2015〕17 号)(以下简称《改良计划》)顺利实施,加快全国肉羊遗传改良计划实施进程,明确领导小组办公室、专家组、国家肉羊核心育种场(以下简称"核心场")和省级畜牧技术推广机构的责任、权利与义务,特制定本办法。

第二条 《改良计划》工作领导小组办公室(以下简称"办公室")设在全国畜牧总站,负责《改良计划》的具体实施,并协调专家组、核心场开展工作。

第三条 省级畜牧技术推广机构负责本行政区域内核心场的管理,会同联系专家共同负责核心场的技术指导工作。

第四条 核心场的责任与义务。

(一)开展肉羊品种登记、生产性能测定及种羊选育等工作,并按照要求上报测定数据。

(二)开展主要垂直传播疫病的净化工作。

(三)每年 1 月 15 日前向办公室提交上一年度工作报告及本年度工作计划。主要内容包括:群体结构与数量,生产性能测定情况,场间遗传交流计划执行情况,场内技术人员情况,开展技术培训与种羊推广情况,存在的主要问题、改进措施和建议等。

第五条 核心场的权利。

(一)经授权可使用《改良计划》标识,用于生产、销售和宣传推广。

(二)优先享受《改良计划》相关技术服务。

(三)有维护本企业自主知识产权的权利,包括产品、育种方案、原始材料与数据、科技成果等。

第六条 专家组为《改良计划》提供技术支撑,配合办公室开展全国肉羊遗传改良工作。专家组应研究解决《改良计划》实施过程的技术问题,协助办公室制订相关技术标准与规范,参与技术指导和培训工作。办公室为每个核心场指定一名专家组成员作为联系专家,指导企业开展育种技术工作。

第七条 联系专家要随时掌握所负责的核心场的《改良计划》执行情况,及时发现问题,提出解决问题的意见和方案。因未尽到职责导致核心场生产性能测定和选育工作出现较大问题的,要承担相关责任,情节严重者取消专家组专家资格。

第八条 办公室组织开展《改良计划》督导检查。

第九条 核心场经公告后,如相关信息(名称、地址、经营范围等)有变更,须报办公室备案。

第十条 核心场出现下列情况之一者,取消其资格,并在相关网站上予以公布:

(一)关闭或转产,不再从事肉羊育种工作的。

(二)被吊销《种畜禽生产经营许可证》的。

(三)不能按时完成计划任务,出现数据故意造假情况的。

(四)发生国家规定一类传染病的。

(五)不按育种计划目标开展选育工作的。

(六)变更单位名称、地址、生产经营范围,未在办公室备案的。

第十一条 本办法由全国畜牧总站负责解释。

第十二条 本办法自颁布之日起施行。

第二节 国家肉羊核心育种场遴选程序(试行)

根据《全国肉羊遗传改良计划(2015—2025)》文件精神,由全国肉羊遗传改良计划工作领导小组办公室(以下简称“办公室”)组织开展国家肉羊核心育种场遴选工作。遴选程序包括申请、形式审查、函审、现场审核、会议评审和公示发布。

一、申请

拟申请国家肉羊核心育种场的单位按要求向省级畜牧行政主管部门报送申请材料,经省级主管部门审核同意后统一报办公室。

二、形式审查

办公室负责对申报材料进行形式审查，主要内容有：

（一）申请表所填单位名称与《种畜禽生产经营许可证》《动物防疫条件合格证》是否一致；

（二）品种、核心群基础母羊数量、生产性能测定年限和年测定量等是否符合国家肉羊核心育种场遴选标准要求；

（三）推荐专家 2 名以上，其中至少有 1 名为国家肉羊遗传改良计划专家组成员；

（四）育种技术力量、养殖档案等其他条件符合要求。

三、函审

通过形式审查的申报材料由办公室组织 3 位专家进行函审。函审时，所在省（自治区、直辖市）专家原则上不参与本地区申请单位材料的审查，2 位及以上专家同意为函审通过。

四、现场审核

通过函审的申报单位，由办公室组织现场审核。现场审核专家组由 3 位成员组成，主要审查所填报材料的真实性和是否达到《国家肉羊核心育种场遴选标准》所规定的要求。

五、会议评审

现场审核工作完成后，召开国家肉羊核心育种场评审会议。评审组由领导小组和专家组全体成员组成，出席会议的成员须超过全体成员的三分之二。评审会的议程主要有：现场审核组组长汇报审核结果，其他专家补充、质疑和讨论，无记名投票表决，同意票数达到与会人员的三分之二即为通过。

六、公示发布

会议评审后由办公室将评审结果及意见反馈给所在省（自治区、直辖市）畜牧行政主管部门，并将通过会议评审的单位公示 7 天，无异议后报农业部审核与批准发布。

材料 1

国家肉羊核心育种场申请表

申报单位：________________

联 系 人：________________

联系电话：________________

填报日期：________________

中华人民共和国农业农村部　制

填表说明

一、本表适用于国家肉羊核心育种场的申报。

二、单位名称应与工商行政管理部门核发的营业执照名称一致。

三、核心群种羊来源指引进或自留，引进的要说明供种国家、地区（或单位）及日期。

四、统一计量单位：体重为 kg，日增重为 g，背膘厚为 mm，眼肌面积为 cm^2，其他体尺为 cm，屠宰率用百分比（%）表示。

五、种羊繁殖、生长发育与屠宰性能是指近 2 年来种羊生产性能测定和繁殖记录统计结果。

六、所填数据包括系谱、生产性能测定数据与提交至全国肉羊遗传改良计划工作领导小组办公室数据一致。

七、本表一式 2 份，用 A4 纸双面打印，字迹清楚，不得随意涂改；同时提交电子版（邮箱：myc-nahs@agri.gov.cn）。

一、申报单位基本情况

单位名称		单位性质	
法人代表		联系电话	
传　　真		电子邮箱	
注册地址		邮　　编	
建场时间		员工人数	
总投资		占地面积	
建筑面积		年总产值	
人员构成	总计　　人,其中:本科以上　　人、大专　　人、中专　　人		

主要机构设置		生产	育种	兽医	销售		
人员组成	部门人数						
	技术员数						

申报品种及存栏情况

品种	来源*	公羊(只)		母羊(只)	
		成年	后备	成年	后备

*:如果一个品种有多个来源,请分别填写。

二、单位主要管理技术人员和持证上岗人员名单

序号	姓名	性别	年龄	职称	职务	从事的业务工作及时间	何时获何工种职业证书及编号	发证机关
1								
2								
3								
4								
5								
6								
7								
8								
9								
10								
11								
12								
13								
14								
15								
16								
17								

注：本表可加页。

三、申报单位基本情况

单位简介(内容翔实充分,文字简明扼要,应包括单位概况、生产能力、技术水平、工艺设备、质量保证体系等情况。如有获奖、通过质量体系认证须提供相应证明材料)

注:本项可另加附页。

四、主要设施设备

分类	名称	型号/规格	面积（米^2）或数量（台/套）	备注
生产设施	产羔舍			
	母羊舍			
	公羊舍			
	运动场			
	粪污处理设施			
	病死羊只无害化处理设施			
	消毒设施			
	饲料加工设施			
	饲料加工设备			
	饲喂机械			
性能测定设备	种羊生产性能测定设备			
	超声波测定仪			
	电子秤			
	普通磅秤			
实验室检测仪器	显微镜			
	水浴锅			
其他设备	消毒设备			

注：本项可另加附页。

五、繁殖性能统计表

品种	只数	初产年龄	使用年限	年产羔率	繁殖成活率	人工授精比例	备注

六、生长发育统计表

测定类别：　　　　　　　　　　测定品种：

阶段项目	性别	测定只数	体重	体高	体长	胸围	管围	背膘厚	眼肌面积	备注
初生	公									
	母									
断奶	公									
	母									
6月龄	公									
	母									
12月龄	公									
	母									
24月龄	公									
	母									

注：测定类别指场内测定或者委托检测；不同测定类别和品种请按照遴选标准和生产性能测定规范的要求自行添加表格；各项体尺、活体背膘厚、眼肌面积可在6月龄以后测定。

七、种羊生产性能测定与产销基本情况

品种	年度	生产量		性能测定量		种羊销售量		主要销往地区	备注
		公	母	公	母	公	母		
	年								
	年								
	年								
	合计								
	年								
	年								
	年								
	合计								

注：1.在获得种畜禽经营许可证有效期限内，分年对种羊产销数量进行填写；2.性能测定量是指系谱记录完整，有初生、断奶、6月龄、周岁体重测定成绩；3.销往地区指县（区）以上地区及具体地址。

八、申报单位承诺及专家推荐意见

<table>
<tr><td>申报
单位
承诺</td><td colspan="4">本单位郑重承诺严格按照《全国肉羊遗传改良计划(2015—2025)》的要求，加强与联系专家的沟通与交流，保质保量完成种羊性能测定工作，及时上报数据，保证上报数据真实可靠。
特此承诺！
承诺单位(签名/盖章)：
年　月　日</td></tr>
<tr><td rowspan="2">推荐
专家</td><td>姓名</td><td></td><td></td><td></td></tr>
<tr><td>联系电话</td><td></td><td></td><td></td></tr>
<tr><td>种群
状况
评价</td><td colspan="4">推荐专家签名：
年　月　日</td></tr>
<tr><td>总体
评价</td><td colspan="4">推荐专家签名：
年　月　日</td></tr>
</table>

注：推荐专家至少1名为国家肉羊遗传改良计划专家组成员。

九、主要附件目录

序号	制度或附件名称	主要内容
1	种畜禽生产经营许可证	
2	工作总结与规划	包括经营理念、持续从事种羊经营能力、辐射能力及中远期规划等
3	总体布局平面图	可反映不同功能区划分情况
4	环保与污水处理情况	附相关证件
5	育种方案(含测定方案)	
6	种羊饲养管理等相关技术规程	
7	防疫规程	附动物防疫条件合格证复印件
8	其他相关证明材料	

十、省级畜牧行政主管部门审核意见

<table>
<tr><td rowspan="3">"种畜禽生产经营许可证"发放情况</td><td>发证单位</td><td></td></tr>
<tr><td>编　　号</td><td></td></tr>
<tr><td>有 效 期</td><td></td></tr>
<tr><td>省级畜牧行政主管部门审核意见</td><td colspan="2">盖章
年　　月　　日</td></tr>
</table>

材料 2

国家肉羊核心育种场申请书形式审查表

单位名称：

申请书		
1	国家肉羊核心育种场申请材料为肉羊遗传改良计划规定格式。	□
2	申请书纸质材料与电子文档一致。	□
3	申请书纸质文件一式 2 份。	□
4	申报单位名称与“种畜禽生产经营许可证”上的一致。	□
5	品种和参与性能测定的个体数量符合申报要求。	□
6	申报单位基本情况填写完整、真实。	□
7	具有生产性能测定基本设备，且经过检定或自检，有仪器检定计划等。	□
8	申报单位承诺及单位公章。	□
9	省级畜牧行政主管部门审核意见及盖章。	□
10	推荐专家至少 1 名为国家肉羊遗传改良计划专家组成员。	□
附件材料		
11	种畜禽生产经营许可证复印件。	□
12	动物防疫条件合格证复印件。	□
13	环保部门验收或许可文件复印件。	□
14	总体布局平面图、育种规划和方案、种羊主要垂直传播疾病净化方案和检测记录、生产性能测定记录、种羊饲养管理等相关技术规程。	□

审核人签名：		日期：	
形式审查意见	（合格或不合格）： 负责人签字： 年 月 日		

注：请认真审查项目申请书撰写情况，并在相符栏目“□”处打√，与本项目不符的项打×。

材料 3

国家肉羊核心育种场申报材料专家函审意见书

<table>
<tr><td colspan="2">申报单位：</td></tr>
<tr><td colspan="2">所属省份：</td></tr>
<tr><td rowspan="4">评审要点</td><td>1. 该单位是否具备开展肉羊育种的基础条件，包括人员结构、育种场地、仪器设备、生产管理、种群质量等。</td></tr>
<tr><td></td></tr>
<tr><td>2. 育种方案是否科学合理，育种工作总结与育种方案是否有关联，是否有中长期育种规划。</td></tr>
<tr><td></td></tr>
</table>

	3.核心群基础母羊数量与测定数量是否满足申报要求(基础母羊数量、个体测定数量和各阶段生产性能测定指标等是否符合要求);主要垂直传播疾病净化方案和净化水平是否符合要求。
	4.其他。
评审结论:	同意(　　)不同意(　　)

评审人签字:　　　　　　　　评审日期:

注:评审结论中同意或不同意请在相应的(　　)内打"√"。

材料 4

国家肉羊核心育种场现场审核要求

(试行)

一、申报单位按照现场审核表要求准备汇报材料(包括文字报告和多媒体报告)。

二、与育种相关的工作程序、育种计划、总结等文字材料。

三、现场抽查

(一)种群存栏和测定情况检查

主要核对申报肉羊品种核心群基础母羊存栏数量、个体测定数量是否符合遴选标准要求;对生产性能测定记录、测定指标是否齐全、合理等进行检查。

(二)现场仪器设备检查

重点查看电子秤和超声波测膘仪等生产性能测定设备,核查设备检定计划和检定证书。

(三)系谱档案检查

抽查申报品种至少 3 个世代的系谱档案和配种记录、产羔记录、育种方案、育种总结、疫病净化方案等材料。

材料 5

国家肉羊核心育种场现场审核表
（试行）

申报单位名称：________________

单位注册地址：________________

单位生产地址：________________

联 系 电 话：________________

传　　　　真：________________

电 子 邮 件：________________

联　　系　　人：________________

填 报 日 期：________________

中华人民共和国农业农村部 制

填表说明

一、本表由农业农村部统一制定。

二、本表由现场审核组成员填写。

三、填报内容应客观真实,不得随意涂改。

考核说明

一、现场审核组应高效廉洁、客观公正、严守秘密,维护现场审核工作的科学性、公正性和权威性。

二、现场审核组采取听取汇报、现场抽查、审阅资料等方式进行。

一、国家肉羊核心育种场现场审核汇总表

<table>
<tr><td colspan="2">考核项目</td><td>分数</td><td>得分</td><td>分数计算</td></tr>
<tr><td rowspan="5">基本条件（20分）</td><td>机构设置</td><td>2分</td><td></td><td rowspan="12">考评项目分数累加</td></tr>
<tr><td>育种场设施与设备</td><td>7分</td><td></td></tr>
<tr><td>管理制度</td><td>4分</td><td></td></tr>
<tr><td>环保设施</td><td>2分</td><td></td></tr>
<tr><td>人员结构</td><td>5分</td><td></td></tr>
<tr><td rowspan="2">种群及选育（40分）</td><td>种群概况</td><td>10分</td><td></td></tr>
<tr><td>种羊选育</td><td>30分</td><td></td></tr>
<tr><td>疾病净化（10分）</td><td>垂直传播疾病净化</td><td>10分</td><td></td></tr>
<tr><td rowspan="3">档案检查（30分）</td><td>系谱档案</td><td>12分</td><td></td></tr>
<tr><td>生长发育、繁殖记录</td><td>12分</td><td></td></tr>
<tr><td>疾病监测净化记录</td><td>6分</td><td></td></tr>
<tr><td colspan="2">总分</td><td>100</td><td></td></tr>
<tr><td colspan="5">说明：现场审核采取评分制度，总计100分。评分采取查询文件、现场询问、现场检查、数据档案记录检查方式。</td></tr>
<tr><td colspan="5">审核情况：

审核组长签字：
年　　月　　日</td></tr>
</table>

<table>
<tr><td rowspan="4">现场审核
组成员</td><td>姓名</td><td>职务或职称</td><td>工作单位</td><td>签字</td></tr>
<tr><td></td><td></td><td></td><td></td></tr>
<tr><td></td><td></td><td></td><td></td></tr>
<tr><td></td><td></td><td></td><td></td></tr>
<tr><td>领导小组
办公室审
核意见</td><td colspan="4">（签字）
年　　月　　日</td></tr>
</table>

二、国家肉羊核心育种场现场审核表

审核项目	审核细目	审核内容	审核方式	记录	分数	得分
必备项目		1. 生产场地应符合《畜牧法》及地方相关法律法规要求。	现场查看、查阅文件		任一必备项目不符，则终止现场审核	
		2. 有省级核发的“种畜禽生产经营许可证”“动物防疫条件合格证”及国家审定品种或品系证书，新引进的品种审批证明。	现场查看			
		3. 有完善的育种设施设备。	现场查看			
		4. 核心群基础母羊单品种数量：地方品种和培育品种绵羊1500只以上，山羊1000只以上；引进品种绵羊和山羊1000只以上；种羊体型外貌符合相应品种特征和种用要求；种群健康状况良好；每只种羊最近3个世代系谱清楚；年测定数量绵羊不低于800只、山羊不低于600只。	现场查看			
一、基本条件（20分）	（一）机构设置	1. 设有专门的育种技术部门。	查阅文件		2	
	（二）场地与设备	1. 生产区、生活区、污水处理区、病死和粪污处理区分开，车辆消毒通道、清洁道和污染道分开，互不交叉。	现场查看		3	
		2. 生产设备齐全、完好，能满足需要。供水、供电、通风设备安全可靠。	现场查看		2	
		3. 配备相应的种羊生产性能测定设施及设备。如超声波测膘仪、电子秤、普通磅秤等。	现场查看		2	

续表

审核项目	审核细目	审核内容	审核方式	记录	分数	得分
	(三)管理制度	1. 各阶段饲养管理、防疫、测定、选育制度健全,规范可行,执行良好。	查阅文件		2	
		2. 生产记录档案齐全、查阅方便、管理规范,采用电子化管理,有统计、分析等生产数据档案。	查阅文件		2	
	(四)环保设施	1. 有病死羊无害化处理设施及相应规程。	现场查看		1	
		2. 粪污无害化处理工艺合理,符合当地自然地理条件,污水排放达标。	现场查看		1	
	(五)人员结构	1. 管理及技术人员具有畜牧兽医专业大专以上文化程度或中级以上技术职称,专职从事该工作 2 年以上。	查阅文件、交谈		1	
		2. 育种部门设专职育种管理人员与技术操作人员,管理人员具有遗传育种专业本科学历,技术人员稳定,具有多年育种工作经验。	交谈,育种学中关键名词术语考试		3	
		3. 负责核心群饲养的技术人员具备中专以上学历,专职从事此项工作,具备一定饲养管理实践经验。	查阅人员档案,交谈		1	

续表

审核项目	审核细目	审核内容	审核方式	记录	分数	得分
二、种群及选育（40分）	（一）种群概况	1.品种为《中国畜禽遗传资源志·羊志》收录的品种、国家资源委员会审定通过的新品种、经农业部批准引进的品种。	查阅文件		5	
		2.品种数量应达到审核标准要求，以实际存栏数量为准。	查看羊群和档案		5	
	（二）种羊选育	1.育种方案：育种目标明确，选育方案切实可行，执行2年以上。	查阅文件，交谈		5	
		2.系谱记录：产羔记录完整，系谱清晰，选种、选配记录齐全。	查阅文件		10	
		3.生产性能测定：各性状指标测定方式、方法规范，测定数据档案记录准确、保存完整、管理规范。	查阅文件		5	
		4.数据记录与分析：定期对数据档案做录入、整理、校验和统计分析，开展遗传评估。	现场查看、查阅文件		5	
		5.工作总结：有年度选育工作总结报告。	查阅文件		5	
三、疾病净化（10分）	疾病净化	1.有主要垂直传播疫病净化的实施方案，已执行2个世代以上。	查阅文件		5	
		2.有检测净化工作总结报告。	查阅文件		5	

续表

审核项目	审核细目	审核内容	审核方式	记录	分数	得分
四、档案检查（30分）	系谱档案	抽取60只基础母羊进行系谱档案检查，溯源3代以上，每只个体系谱清楚计0.2分，总计12分。 如果超过3只个体系谱不全或有误，终止现场审核。	查阅记录		12	
	生长发育和繁殖记录	抽取60只测定的个体，对照耳标查询生产性能测定记录，每个0.2分，总计12分。 如果超过3只不全或有误，终止现场审核。	查阅记录		12	
	疾病检测净化记录抽查	抽查后备羊与成年羊2个时间段疾病检测原始记录（包括群体数量、阳性耳标号），每个时间段3分，共计6分。	查阅记录		6	

第三节　国家肉羊核心育种场遴选标准

为规范国家肉羊核心育种场的遴选，确保公开、公正、公平，特制定本标准。

一、基本条件

（一）取得省级畜牧兽医行政主管部门颁发的“种畜禽生产经营许可证”。

（二）有专门的育种部门和技术人员，技术人员须经过种羊生产性能测定技术培训，并取得资格证书。

（三）有相应的育种设施设备。

二、种群要求

（一）品种范围：《中国畜禽遗传资源志·羊志》收录的品种、国家畜禽遗传资源委员会审定通过的新品种、经农业部批准引进的品种。重点支持进入国家羊良种补贴项目享受补贴的品种。

（二）核心群基础母羊单品种数量：地方品种和培育品种绵羊 1500 只以上，山羊 1000 只以上；引进品种绵羊和山羊数量 1000 只以上。

（三）种羊体型外貌符合本品种特征和种用要求。

（四）养殖档案齐全，种群健康。

三、技术要求

（一）有明确的种羊选育方案，开展遗传评估，并有年度选育工作总结报告。

（二）种羊生产性能测定制度健全，有完整的配种和产羔记录档案，系谱清晰。

（三）初生重、断奶重、6 月龄体重体尺、周岁体重体尺、体型外貌评定、产羔率和断奶成活率等记录完整。

（四）具有近 2 年以上种羊生产性能测定记录，年测定数量绵羊不低于 800 只、山羊不低于 600 只。

第五章　相关法律法规与规范

第一节　中华人民共和国畜牧法

法律修订

2005年12月29日第十届全国人民代表大会常务委员会第十九次会议通过

根据2015年4月24日第十二届全国人民代表大会常务委员会第十四次会议《全国人民代表大会常务委员会关于修改〈中华人民共和国计量法〉等五部法律的决定》修正

正文

第一章　总　　则

第一条　为了规范畜牧业生产经营行为，保障畜禽产品质量安全，保护和合理利用畜禽遗传资源，维护畜牧业生产经营者的合法权益，促进畜牧业持续健康发展，制定本法。

第二条　在中华人民共和国境内从事畜禽的遗传资源保护利用、繁育、饲养、经营、运输等活动，适用本法。本法所称畜禽，是指列入依照本法第十一条规定公布的畜禽遗传资源目录的畜禽。蜂、蚕的资源保护利用和生产经营，适用本法有关规定。

第三条　国家支持畜牧业发展，发挥畜牧业在发展农业、农村经济和增加农民收入中的作用。县级以上人民政府应当采取措施，加强畜牧业基础设施建设，鼓励和扶持发展规模化养殖，推进畜牧产业化经营，提高畜牧业综合生产能力，发展优质、高效、生态、安全的畜牧业。国家帮助和扶持少数民族地区、贫困地区畜牧业的发展，保护和合理利用草原，改善畜牧业生产条件。

第四条 国家采取措施，培养畜牧兽医专业人才，发展畜牧兽医科学技术研究和推广事业，开展畜牧兽医科学技术知识的教育宣传工作和畜牧兽医信息服务，推进畜牧业科技进步。

第五条 畜牧业生产经营者可以依法自愿成立行业协会，为成员提供信息、技术、营销、培训等服务，加强行业自律，维护成员和行业利益。

第六条 畜牧业生产经营者应当依法履行动物防疫和环境保护义务，接受有关主管部门依法实施的监督检查。

第七条 国务院畜牧兽医行政主管部门负责全国畜牧业的监督管理工作。县级以上地方人民政府畜牧兽医行政主管部门负责本行政区域内的畜牧业监督管理工作。县级以上人民政府有关主管部门在各自的职责范围内，负责有关促进畜牧业发展的工作。

第八条 国务院畜牧兽医行政主管部门应当指导畜牧业生产经营者改善畜禽繁育、饲养、运输的条件和环境。

第二章　畜禽遗传资源保护

第九条 国家建立畜禽遗传资源保护制度。各级人民政府应当采取措施，加强畜禽遗传资源保护，畜禽遗传资源保护经费列入财政预算。

畜禽遗传资源保护以国家为主，鼓励和支持有关单位、个人依法发展畜禽遗传资源保护事业。

第十条 国务院畜牧兽医行政主管部门设立由专业人员组成的国家畜禽遗传资源委员会，负责畜禽遗传资源的鉴定、评估和畜禽新品种、配套系的审定，承担畜禽遗传资源保护和利用规划论证及有关畜禽遗传资源保护的咨询工作。

第十一条 国务院畜牧兽医行政主管部门负责组织畜禽遗传资源的调查工作，发布国家畜禽遗传资源状况报告，公布经国务院批准的畜禽遗传资源目录。

第十二条 国务院畜牧兽医行政主管部门根据畜禽遗传资源分布状况，制定全国畜禽遗传资源保护和利用规划，制定并公布国家级畜禽遗传资源保护名录，对原产我国的珍贵、稀有、濒危的畜禽遗传资源实行重点保护。

省级人民政府畜牧兽医行政主管部门根据全国畜禽遗传资源保护和利用规划及本行政区域内畜禽遗传资源状况，制定和公布省级畜禽遗传资源保护名录，并报国务院畜牧兽医行政主管部门备案。

第十三条 国务院畜牧兽医行政主管部门根据全国畜禽遗传资源保护和利用规划及国家级畜禽遗传资源保护名录，省级人民政府畜牧兽医行政主管部门根据省级畜禽遗传资源保护名录，分别建立或者确定畜禽遗传资源保种场、保护区和基因库，承担畜禽遗传资源保护任务。

享受中央和省级财政资金支持的畜禽遗传资源保种场、保护区和基因库，未经国务院畜牧兽医行政主管部门或者省级人民政府畜牧兽医行政主管部门批准，不得擅自处理受保护的畜禽遗传资源。

畜禽遗传资源基因库应当按照国务院畜牧兽医行政主管部门或者省级人民政府畜牧兽医行政主管部门的规定，定期采集和更新畜禽遗传材料。有关单位、个人应当配合畜禽遗传资源基因库采集畜禽遗传材料，并有权获得适当的经济补偿。

畜禽遗传资源保种场、保护区和基因库的管理办法由国务院畜牧兽医行政主管部门制定。

第十四条 新发现的畜禽遗传资源在国家畜禽遗传资源委员会鉴定前，省级人民政府畜牧兽医行政主管部门应当制定保护方案，采取临时保护措施，并报国务院畜牧兽医行政主管部门备案。

第十五条 从境外引进畜禽遗传资源的，应当向省级人民政府畜牧兽医行政主管部门提出申请；受理申请的畜牧兽医行政主管部门经审核，报国务院畜牧兽医行政主管部门经评估论证后批准。经批准的，依照《中华人民共和国进出境动植物检疫法》的规定办理相关手续并实施检疫。

从境外引进的畜禽遗传资源被发现对境内畜禽遗传资源、生态环境有危害或者可能产生危害的，国务院畜牧兽医行政主管部门应当商有关主管部门，采取相应的安全控制措施。

第十六条 向境外输出或者在境内与境外机构、个人合作研究利用列入保护名录的畜禽遗传资源的，应当向省级人民政府畜牧兽医行政主管部门提出申请，同时提出国家共享惠益的方案；受理申请的畜牧兽医行政主管部门经审核，报国务院畜牧兽医行政主管部门批准。

向境外输出畜禽遗传资源的，还应当依照《中华人民共和国进出境动植物检疫法》的规定办理相关手续并实施检疫。

新发现的畜禽遗传资源在国家畜禽遗传资源委员会鉴定前，不得向境外输出，不得与境外机构、个人合作研究利用。

第十七条 畜禽遗传资源的进出境和对外合作研究利用的审批办法由国务院规定。

第三章　种畜禽品种选育与生产经营

第十八条　国家扶持畜禽品种的选育和优良品种的推广使用，支持企业、院校、科研机构和技术推广单位开展联合育种，建立畜禽良种繁育体系。

第十九条　培育的畜禽新品种、配套系和新发现的畜禽遗传资源在推广前，应当通过国家畜禽遗传资源委员会审定或者鉴定，并由国务院畜牧兽医行政主管部门公告。畜禽新品种、配套系的审定办法和畜禽遗传资源的鉴定办法，由国务院畜牧兽医行政主管部门制定。审定或者鉴定所需的试验、检测等费用由申请者承担，收费办法由国务院财政、价格部门会同国务院畜牧兽医行政主管部门制定。

培育新的畜禽品种、配套系进行中间试验，应当经试验所在地省级人民政府畜牧兽医行政主管部门批准。

畜禽新品种、配套系培育者的合法权益受法律保护。

第二十条　转基因畜禽品种的培育、试验、审定和推广，应当符合国家有关农业转基因生物管理的规定。

第二十一条　省级以上畜牧兽医技术推广机构可以组织开展种畜优良个体登记，向社会推荐优良种畜。优良种畜登记规则由国务院畜牧兽医行政主管部门制定。

第二十二条　从事种畜禽生产经营或者生产商品代仔畜、雏禽的单位、个人，应当取得种畜禽生产经营许可证。

申请取得种畜禽生产经营许可证，应当具备下列条件：

（一）生产经营的种畜禽必须是通过国家畜禽遗传资源委员会审定或者鉴定的品种、配套系，或者是经批准引进的境外品种、配套系；

（二）有与生产经营规模相适应的畜牧兽医技术人员；

（三）有与生产经营规模相适应的繁育设施设备；

（四）具备法律、行政法规和国务院畜牧兽医行政主管部门规定的种畜禽防疫条件；

（五）有完善的质量管理和育种记录制度；

（六）具备法律、行政決规规定的其他条件。

第二十三条　申请取得生产家畜卵子、冷冻精液、胚胎等遗传材料的生产经营许可证，除应当符合本法第二十二条第二款规定的条件外，还应当具备下列条件：

（一）符合国务院畜牧兽医行政主管部门规定的实验室、保存和运输条件；

（二）符合国务院畜牧兽医行政主管部门规定的种畜数量和质量要求；

（三）体外授精取得的胚胎、使用的卵子来源明确，供体畜符合国家规定的种畜健康标准和质量要求；

（四）符合国务院畜牧兽医行政主管部门规定的其他技术要求。

第二十四条 申请取得生产家畜卵子、冷冻精液、胚胎等遗传材料的生产经营许可证，应当向省级人民政府畜牧兽医行政主管部门提出申请。受理申请的畜牧兽医行政主管部门应当自收到申请之日起六十个工作日内依法决定是否发给生产经营许可证。

其他种畜禽的生产经营许可证由县级以上地方人民政府畜牧兽医行政主管部门审核发放，具体审核发放办法由省级人民政府规定。

种畜禽生产经营许可证样式由国务院畜牧兽医行政主管部门制定，许可证有效期为三年。发放种畜禽生产经营许可证可以收取工本费，具体收费管理办法由国务院财政、价格部门制定。

第二十五条 种畜禽生产经营许可证应当注明生产经营者名称、场（厂）址、生产经营范围及许可证有效期的起止日期等。

禁止任何单位、个人无种畜禽生产经营许可证或者违反种畜禽生产经营许可证的规定生产经营种畜禽。禁止伪造、变造、转让、租借种畜禽生产经营许可证。

第二十六条 农户饲养的种畜禽用于自繁自养和有少量剩余仔畜、雏禽出售的，农户饲养种公畜进行互助配种的，不需要办理种畜禽生产经营许可证。

第二十七条 专门从事家畜人工授精、胚胎移植等繁殖工作的人员，应当取得相应的国家职业资格证书。

第二十八条 发布种畜禽广告的，广告主应当提供种畜禽生产经营许可证和营业执照。广告内容应当符合有关法律、行政法规的规定，并注明种畜禽品种、配套系的审定或者鉴定名称；对主要性状的描述应当符合该品种、配套系的标准。

第二十九条 销售的种畜禽和家畜配种站（点）使用的种公畜，必须符合种用标准。销售种畜禽时，应当附具种畜禽场出具的种畜禽合格证明、动物防疫监督机构出具的检疫合格证明，销售的种畜还应当附具种畜禽场出具的家畜系谱。

生产家畜卵子、冷冻精液、胚胎等遗传材料，应当有完整的采集、销售、移植等记录，记录应当保存二年。

第三十条 销售种畜禽，不得有下列行为：

（一）以其他畜禽品种、配套系冒充所销售的种畜禽品种、配套系；

（二）以低代别种畜禽冒充高代别种畜禽；

（三）以不符合种用标准的畜禽冒充种畜禽；

（四）销售未经批准进口的种畜禽；

（五）销售未附具本法第二十九条规定的种畜禽合格证明、检疫合格证明的种畜禽或者未附具家畜系谱的种畜；

（六）销售未经审定或者鉴定的种畜禽品种、配套系。

第三十一条 申请进口种畜禽的，应当持有种畜禽生产经营许可证。进口种畜禽的批准文件有效期为六个月。

进口的种畜禽应当符合国务院畜牧兽医行政主管部门规定的技术要求。首次进口的种畜禽还应当由国家畜禽遗传资源委员会进行种用性能的评估。

种畜禽的进出口管理除适用前两款的规定外，还适用本法第十五条和第十六条的相关规定。

国家鼓励畜禽养殖者对进口的畜禽进行新品种、配套系的选育；选育的新品种、配套系在推广前，应当经国家畜禽遗传资源委员会审定。

第三十二条 种畜禽场和孵化场（厂）销售商品代仔畜、雏禽的，应当向购买者提供其销售的商品代仔畜、雏禽的主要生产性能指标、免疫情况、饲养技术要求和有关咨询服务，并附具动物防疫监督机构出具的检疫合格证明。

销售种畜禽和商品代仔畜、雏禽，因质量问题给畜禽养殖者造成损失的，应当依法赔偿损失。

第三十三条 县级以上人民政府畜牧兽医行政主管部门负责种畜禽质量安全的监督管理工作。种畜禽质量安全的监督检验应当委托具有法定资质的种畜禽质量检验机构进行；所需检验费用按照国务院规定列支，不得向被检验人收取。

第三十四条 蚕种的资源保护、新品种选育、生产经营和推广适用本法有关规定，具体管理办法由国务院农业行政主管部门制定。

第四章 畜禽养殖

第三十五条 县级以上人民政府畜牧兽医行政主管部门应当根据畜牧业发展规划和市场需求，引导和支持畜牧业结构调整，发展优势畜禽生产，提高畜禽产品市场竞争力。

国家支持草原牧区开展草原围栏、草原水利、草原改良、饲草饲料基地等草原基本建设，优化畜群结构，改良牲畜品种，转变生产方式，发展舍饲圈养、划区轮牧，逐步实现畜草平衡，改善草原生态环境。

第三十六条 国务院和省级人民政府应当在其财政预算内安排支持畜牧业发展的良种补贴、贴息补助等资金，并鼓励有关金融机构通过提供贷款、保险服务等形式，支持畜禽养殖者购买优良畜禽、繁育良种、改善生产设施、扩大养殖规模，提高养殖效益。

第三十七条 国家支持农村集体经济组织、农民和畜牧业合作经济组织建立畜禽养殖场、养殖小区，发展规模化、标准化养殖。乡（镇）土地利用总体规划应当根据本地实际情况安排畜禽养殖用地。农村集体经济组织、农民、畜牧业合作经济组织按照乡（镇）土地利用总体规划建立的畜禽养殖场、养殖小区用地按农业用地管理。畜禽养殖场、养殖小区用地使用权期限届满，需要恢复为原用途的，由畜禽养殖场、养殖小区土地使用权人负责恢复。在畜禽养殖场、养殖小区用地范围内需要兴建永久性建（构）筑物，涉及农用地转用的，依照《中华人民共和国土地管理法》的规定办理。

第三十八条 国家设立的畜牧兽医技术推广机构，应当向农民提供畜禽养殖技术培训、良种推广、疫病防治等服务。县级以上人民政府应当保障国家设立的畜牧兽医技术推广机构从事公益性技术服务的工作经费。

国家鼓励畜禽产品加工企业和其他相关生产经营者为畜禽养殖者提供所需的服务。

第三十九条 畜禽养殖场、养殖小区应当具备下列条件：

（一）有与其饲养规模相适应的生产场所和配套的生产设施；

（二）有为其服务的畜牧兽医技术人员；

（三）具备法律、行政法规和国务院畜牧兽医行政主管部门规定的防疫条件；

（四）有对畜禽粪便、废水和其他固体废弃物进行综合利用的沼气池等设施或者其他无害化处理设施；

（五）具备法律、行政法规规定的其他条件。

养殖场、养殖小区兴办者应当将养殖场、养殖小区的名称、养殖地址、畜禽品种和养殖规模，向养殖场、养殖小区所在地县级人民政府畜牧兽医行政主管部门备案，取得畜禽标识代码。

省级人民政府根据本行政区域畜牧业发展状况制定畜禽养殖场、养殖小区的规模标准和备案程序。

第四十条 禁止在下列区域内建设畜禽养殖场、养殖小区：

（一）生活饮用水的水源保护区，风景名胜区，以及自然保护区的核心区和缓冲区；

（二）城镇居民区、文化教育科学研究区等人口集中区域；

（三）法律、法规规定的其他禁养区域。

第四十一条 畜禽养殖场应当建立养殖档案，载明以下内容：

（一）畜禽的品种、数量、繁殖记录、标识情况、来源和进出场日期；

（二）饲料、饲料添加剂、兽药等投入品的来源、名称、使用对象、时间和用量；

（三）检疫、免疫、消毒情况；

（四）畜禽发病、死亡和无害化处理情况；

（五）国务院畜牧兽医行政主管部门规定的其他内容。

第四十二条 畜禽养殖场应当为其饲养的畜禽提供适当的繁殖条件和生存、生长环境。

第四十三条 从事畜禽养殖，不得有下列行为：

（一）违反法律、行政法规的规定和国家技术规范的强制性要求使用饲料、饲料添加剂、兽药；

（二）使用未经高温处理的餐馆、食堂的泔水饲喂家畜；

（三）在垃圾场或者使用垃圾场中的物质饲养畜禽；

（四）法律、行政法规和国务院畜牧兽医行政主管部门规定的危害人和畜禽健康的其他行为。

第四十四条 从事畜禽养殖，应当依照《中华人民共和国动物防疫法》的规定，做好畜禽疫病的防治工作。

第四十五条 畜禽养殖者应当按照国家关于畜禽标识管理的规定，在应当加施标识的畜禽的指定部位加施标识。畜牧兽医行政主管部门提供标识不得收费，所需费用列入省级人民政府财政预算。

畜禽标识不得重复使用。

第四十六条 畜禽养殖场、养殖小区应当保证畜禽粪便、废水及其他固体废弃物综合利用或者无害化处理设施的正常运转，保证污染物达标排放，防止污染环境。

畜禽养殖场、养殖小区违法排放畜禽粪便、废水及其他固体废弃物，造成环境污染危害的，应当排除危害，依法赔偿损失。

国家支持畜禽养殖场、养殖小区建设畜禽粪便、废水及其他固体废弃物的综合利用设施。

第四十七条 国家鼓励发展养蜂业，维护养蜂生产者的合法权益。

有关部门应当积极宣传和推广蜜蜂授粉农艺措施。

第四十八条 养蜂生产者在生产过程中，不得使用危害蜂产品质量安全的药品和容器，确保蜂产品质量。养蜂器具应当符合国家技术规范的强制性要求。

第四十九条 养蜂生产者在转地放蜂时，当地公安、交通运输、畜牧兽医等有关部门应当为其提供必要的便利。

养蜂生产者在国内转地放蜂，凭国务院畜牧兽医行政主管部门统一格式印制的检疫合格证明运输蜂群，在检疫合格证明有效期内不得重复检疫。

第五章 畜禽交易与运输

第五十条 县级以上人民政府应当促进开放统一、竞争有序的畜禽交易市场建设。

县级以上人民政府畜牧兽医行政主管部门和其他有关主管部门应当组织搜集、整理、发布畜禽产销信息，为生产者提供信息服务。

第五十一条 县级以上地方人民政府根据农产品批发市场发展规划，对在畜禽集散地建立畜禽批发市场给予扶持。

畜禽批发市场选址，应当符合法律、行政法规和国务院畜牧兽医行政主管部门规定的动物防疫条件，并距离种畜禽场和大型畜禽养殖场三公里以外。

第五十二条 进行交易的畜禽必须符合国家技术规范的强制性要求。

国务院畜牧兽医行政主管部门规定应当加施标识而没有标识的畜禽，不得销售和收购。

第五十三条 运输畜禽，必须符合法律、行政法规和国务院畜牧兽医行政主管部门规定的动物防疫条件，采取措施保护畜禽安全，并为运输的畜禽提供必要的空间和饲喂饮水条件。

有关部门对运输中的畜禽进行检查，应当有法律、行政法规的依据。

第六章 质量安全保障

第五十四条 县级以上人民政府应当组织畜牧兽医行政主管部门和其他有关主管部门，依照本法和有关法律、行政法规的规定，加强对畜禽饲养环境、种畜禽质量、饲料和兽药等投入品的使用以及畜禽交易与运输的监督管理。

第五十五条 国务院畜牧兽医行政主管部门应当制定畜禽标识和养殖档案管理办法，采取措施落实畜禽产品质量责任追究制度。

第五十六条 县级以上人民政府畜牧兽医行政主管部门应当制定畜禽质量安全监督检查计划，按计划开展监督抽查工作。

第五十七条 省级以上人民政府畜牧兽医行政主管部门应当组织制定畜禽生产规范,指导畜禽的安全生产。

第七章 法律责任

第五十八条 违反本法第十三条第二款规定,擅自处理受保护的畜禽遗传资源,造成畜禽遗传资源损失的,由省级以上人民政府畜牧兽医行政主管部门处五万元以上五十万元以下罚款。

第五十九条 违反本法有关规定,有下列行为之一的,由省级以上人民政府畜牧兽医行政主管部门责令停止违法行为,没收畜禽遗传资源和违法所得,并处一万元以上五万元以下罚款:

(一)未经审核批准,从境外引进畜禽遗传资源的;

(二)未经审核批准,在境内与境外机构、个人合作研究利用列入保护名录的畜禽遗传资源的;

(三)在境内与境外机构、个人合作研究利用未经国家畜禽遗传资源委员会鉴定的新发现的畜禽遗传资源的。

第六十条 未经国务院畜牧兽医行政主管部门批准,向境外输出畜禽遗传资源的,依照《中华人民共和国海关法》的有关规定追究法律责任。海关应当将扣留的畜禽遗传资源移送省级人民政府畜牧兽医行政主管部门处理。

第六十一条 违反本法有关规定,销售、推广未经审定或者鉴定的畜禽品种的,由县级以上人民政府畜牧兽医行政主管部门责令停止违法行为,没收畜禽和违法所得;违法所得在五万元以上的,并处违法所得一倍以上三倍以下罚款;没有违法所得或者违法所得不足五万元的,并处五千元以上五万元以下罚款。

第六十二条 违反本法有关规定,无种畜禽生产经营许可证或者违反种畜禽生产经营许可证的规定生产经营种畜禽的,转让、租借种畜禽生产经营许可证的,由县级以上人民政府畜牧兽医行政主管部门责令停止违法行为,没收违法所得;违法所得在三万元以上的,并处违法所得一倍以上三倍以下罚款;没有违法所得或者违法所得不足三万元的,并处三千元以上三万元以下罚款。违反种畜禽生产经营许可证的规定生产经营种畜禽或者转让、租借种畜禽生产经营许可证,情节严重的,并处吊销种畜禽生产经营许可证。

第六十三条 违反本法第二十八条规定的,依照《中华人民共和国广告法》的有关规定追究法律责任。

第六十四条　违反本法有关规定，使用的种畜禽不符合种用标准的，由县级以上地方人民政府畜牧兽医行政主管部门责令停止违法行为，没收违法所得；违法所得在五千元以上的，并处违法所得一倍以上二倍以下罚款；没有违法所得或者违法所得不足五千元的，并处一千元以上五千元以下罚款。

第六十五条　销售种畜禽有本法第三十条第一项至第四项违法行为之一的，由县级以上人民政府畜牧兽医行政主管部门或者工商行政管理部门责令停止销售，没收违法销售的畜禽和违法所得；违法所得在五万元以上的，并处违法所得一倍以上五倍以下罚款；没有违法所得或者违法所得不足五万元的，并处五千元以上五万元以下罚款；情节严重的，并处吊销种畜禽生产经营许可证或者营业执照。

第六十六条　违反本法第四十一条规定，畜禽养殖场未建立养殖档案的，或者未按照规定保存养殖档案的，由县级以上人民政府畜牧兽医行政主管部门责令限期改正，可以处一万元以下罚款。

第六十七条　违反本法第四十三条规定养殖畜禽的，依照有关法律、行政法规的规定处罚。

第六十八条　违反本法有关规定，销售的种畜禽未附具种畜禽合格证明、检疫合格证明、家畜系谱的，销售、收购国务院畜牧兽医行政主管部门规定应当加施标识而没有标识的畜禽的，或者重复使用畜禽标识的，由县级以上地方人民政府畜牧兽医行政主管部门或者工商行政管理部门责令改正，可以处二千元以下罚款。

违反本法有关规定，使用伪造、变造的畜禽标识的，由县级以上人民政府畜牧兽医行政主管部门没收伪造、变造的畜禽标识和违法所得，并处三千元以上三万元以下罚款。

第六十九条　销售不符合国家技术规范的强制性要求的畜禽的，由县级以上地方人民政府畜牧兽医行政主管部门或者工商行政管理部门责令停止违法行为，没收违法销售的畜禽和违法所得，并处违法所得一倍以上三倍以下罚款；情节严重的，由工商行政管理部门并处吊销营业执照。

第七十条　畜牧兽医行政主管部门的工作人员利用职务上的便利，收受他人财物或者谋取其他利益，对不符合法定条件的单位、个人核发许可证或者有关批准文件，不履行监督职责，或者发现违法行为不予查处的，依法给予行政处分。

第七十一条　违反本法规定，构成犯罪的，依法追究刑事责任。

第八章 附 则

第七十二条 本法所称畜禽遗传资源，是指畜禽及其卵子（蛋）、胚胎、精液、基因物质等遗传材料。

本法所称种畜禽，是指经过选育、具有种用价值、适于繁殖后代的畜禽及其卵子（蛋）、胚胎、精液等。

第七十三条 本法自 2006 年 7 月 1 日起施行。

第二节 中华人民共和国环境保护法

法律修订

1989 年 12 月 26 日第七届全国人民代表大会常务委员会第十一次会议通过

2014 年 4 月 24 日第十二届全国人民代表大会常务委员会第八次会议修订

正文

第一章 总 则

第一条 为保护和改善环境，防治污染和其他公害，保障公众健康，推进生态文明建设，促进经济社会可持续发展，制定本法。

第二条 本法所称环境，是指影响人类生存和发展的各种天然的和经过人工改造的自然因素的总体，包括大气、水、海洋、土地、矿藏、森林、草原、湿地、野生生物、自然遗迹、人文遗迹、自然保护区、风景名胜区、城市和乡村等。

第三条 本法适用于中华人民共和国领域和中华人民共和国管辖的其他海域。

第四条 保护环境是国家的基本国策。

国家采取有利于节约和循环利用资源、保护和改善环境、促进人与自然和谐的经济、技术政策和措施，使经济社会发展与环境保护相协调。

第五条 环境保护坚持保护优先、预防为主、综合治理、公众参与、损害担责的原则。

第六条 一切单位和个人都有保护环境的义务。

地方各级人民政府应当对本行政区域的环境质量负责。

企业事业单位和其他生产经营者应当防止、减少环境污染和生态破坏，对所造成的损害依法承担责任。

公民应当增强环境保护意识，采取低碳、节俭的生活方式，自觉履行环境保护义务。

第七条 国家支持环境保护科学技术研究、开发和应用，鼓励环境保护产业发展，促进环境保护信息化建设，提高环境保护科学技术水平。

第八条 各级人民政府应当加大保护和改善环境、防治污染和其他公害的财政投入，提高财政资金的使用效益。

第九条 各级人民政府应当加强环境保护宣传和普及工作，鼓励基层群众性自治组织、社会组织、环境保护志愿者开展环境保护法律法规和环境保护知识的宣传，营造保护环境的良好风气。

教育行政部门、学校应当将环境保护知识纳入学校教育内容，培养学生的环境保护意识。

新闻媒体应当开展环境保护法律法规和环境保护知识的宣传，对环境违法行为进行舆论监督。

第十条 国务院环境保护主管部门，对全国环境保护工作实施统一监督管理；县级以上地方人民政府环境保护主管部门，对本行政区域环境保护工作实施统一监督管理。

县级以上人民政府有关部门和军队环境保护部门，依照有关法律的规定对资源保护和污染防治等环境保护工作实施监督管理。

第十一条 对保护和改善环境有显著成绩的单位和个人，由人民政府给予奖励。

第十二条 每年6月5日为环境日。

第二章 监督管理

第十三条 县级以上人民政府应当将环境保护工作纳入国民经济和社会发展规划。

国务院环境保护主管部门会同有关部门，根据国民经济和社会发展规划编制国家环境保护规划，报国务院批准并公布实施。

县级以上地方人民政府环境保护主管部门会同有关部门，根据国家环境保护规划的要求，编制本行政区域的环境保护规划，报同级人民政府批准并公布实施。

环境保护规划的内容应当包括生态保护和污染防治的目标、任务、保障措施等，并与主体功能区规划、土地利用总体规划和城乡规划等相衔接。

第十四条 国务院有关部门和省、自治区、直辖市人民政府组织制定经济、技术政策，应当充分考虑对环境的影响，听取有关方面和专家的意见。

第十五条 国务院环境保护主管部门制定国家环境质量标准。

省、自治区、直辖市人民政府对国家环境质量标准中未作规定的项目，可以制定地方环境质量标准；对国家环境质量标准中已作规定的项目，可以制定严于国家环境质量标准的地方环境质量标准。地方环境质量标准应当报国务院环境保护主管部门备案。

国家鼓励开展环境基准研究。

第十六条 国务院环境保护主管部门根据国家环境质量标准和国家经济、技术条件，制定国家污染物排放标准。

省、自治区、直辖市人民政府对国家污染物排放标准中未作规定的项目，可以制定地方污染物排放标准；对国家污染物排放标准中已作规定的项目，可以制定严于国家污染物排放标准的地方污染物排放标准。地方污染物排放标准应当报国务院环境保护主管部门备案。

第十七条 国家建立、健全环境监测制度。国务院环境保护主管部门制定监测规范，会同有关部门组织监测网络，统一规划国家环境质量监测站（点）的设置，建立监测数据共享机制，加强对环境监测的管理。

有关行业、专业等各类环境质量监测站（点）的设置应当符合法律法规规定和监测规范的要求。

监测机构应当使用符合国家标准的监测设备，遵守监测规范。监测机构及其负责人对监测数据的真实性和准确性负责。

第十八条 省级以上人民政府应当组织有关部门或者委托专业机构，对环境状况进行调查、评价，建立环境资源承载能力监测预警机制。

第十九条 编制有关开发利用规划，建设对环境有影响的项目，应当依法进行环境影响评价。

未依法进行环境影响评价的开发利用规划，不得组织实施；未依法进行环境影响评价的建设项目，不得开工建设。

第二十条 国家建立跨行政区域的重点区域、流域环境污染和生态破坏联合防治协调机制，实行统一规划、统一标准、统一监测、统一的防治措施。

前款规定以外的跨行政区域的环境污染和生态破坏的防治，由上级人民政府协调解决，或者由有关地方人民政府协商解决。

第二十一条 国家采取财政、税收、价格、政府采购等方面的政策和措施，鼓励和支持环境保护技术装备、资源综合利用和环境服务等环境保护产业的发展。

第二十二条 企业事业单位和其他生产经营者，在污染物排放符合法定要求的基础上，进一步减少污染物排放的，人民政府应当依法采取财政、税收、价格、政府采购等方面的政策和措施予以鼓励和支持。

第二十三条 企业事业单位和其他生产经营者，为改善环境，依照有关规定转产、搬迁、关闭的，人民政府应当予以支持。

第二十四条 县级以上人民政府环境保护主管部门及其委托的环境监察机构和其他负有环境保护监督管理职责的部门，有权对排放污染物的企业事业单位和其他生产经营者进行现场检查。被检查者应当如实反映情况，提供必要的资料。实施现场检查的部门、机构及其工作人员应当为被检查者保守商业秘密。

第二十五条 企业事业单位和其他生产经营者违反法律法规规定排放污染物，造成或者可能造成严重污染的，县级以上人民政府环境保护主管部门和其他负有环境保护监督管理职责的部门，可以查封、扣押造成污染物排放的设施、设备。

第二十六条 国家实行环境保护目标责任制和考核评价制度。县级以上人民政府应当将环境保护目标完成情况纳入对本级人民政府负有环境保护监督管理职责的部门及其负责人和下级人民政府及其负责人的考核内容，作为对其考核评价的重要依据。考核结果应当向社会公开。

第二十七条 县级以上人民政府应当每年向本级人民代表大会或者人民代表大会常务委员会报告环境状况和环境保护目标完成情况，对发生的重大环境事件应当及时向本级人民代表大会常务委员会报告，依法接受监督。

第三章 保护和改善环境

第二十八条 地方各级人民政府应当根据环境保护目标和治理任务，采取有效措施，改善环境质量。

未达到国家环境质量标准的重点区域、流域的有关地方人民政府，应当制定限期达标规划，并采取措施按期达标。

第二十九条 国家在重点生态功能区、生态环境敏感区和脆弱区等区域划定生态保护红线，实行严格保护。

各级人民政府对具有代表性的各种类型的自然生态系统区域，珍稀、濒危的野生动植物自然分布区域，重要的水源涵养区域，具有重大科学文化价值的地质构造、著名溶洞和化石分布区、冰川、火山、温泉等自然遗迹，以及人文遗迹、古树名木，应当采取措施予以保护，严禁破坏。

第三十条 开发利用自然资源，应当合理开发，保护生物多样性，保障生态安全，依法制定有关生态保护和恢复治理方案并予以实施。

引进外来物种以及研究、开发和利用生物技术，应当采取措施，防止对生物多样性的破坏。

第三十一条 国家建立、健全生态保护补偿制度。

国家加大对生态保护地区的财政转移支付力度。有关地方人民政府应当落实生态保护补偿资金，确保其用于生态保护补偿。

国家指导受益地区和生态保护地区人民政府通过协商或者按照市场规则进行生态保护补偿。

第三十二条 国家加强对大气、水、土壤等的保护，建立和完善相应的调查、监测、评估和修复制度。

第三十三条 各级人民政府应当加强对农业环境的保护，促进农业环境保护新技术的使用，加强对农业污染源的监测预警，统筹有关部门采取措施，防治土壤污染和土地沙化、盐渍化、贫瘠化、石漠化、地面沉降以及防治植被破坏、水土流失、水体富营养化、水源枯竭、种源灭绝等生态失调现象，推广植物病虫害的综合防治。

县级、乡级人民政府应当提高农村环境保护公共服务水平，推动农村环境综合整治。

第三十四条 国务院和沿海地方各级人民政府应当加强对海洋环境的保护。向海洋排放污染物、倾倒废弃物，进行海岸工程和海洋工程建设，应当符合法律法规规定和有关标准，防止和减少对海洋环境的污染损害。

第三十五条 城乡建设应当结合当地自然环境的特点，保护植被、水域和自然景观，加强城市园林、绿地和风景名胜区的建设与管理。

第三十六条 国家鼓励和引导公民、法人和其他组织使用有利于保护环境的产品和再生产品，减少废弃物的产生。

国家机关和使用财政资金的其他组织应当优先采购和使用节能、节水、节材等有利于保护环境的产品、设备和设施。

第三十七条 地方各级人民政府应当采取措施，组织对生活废弃物的分类处置、回收利用。

第三十八条 公民应当遵守环境保护法律法规，配合实施环境保护措施，按照规定对生活废弃物进行分类放置，减少日常生活对环境造成的损害。

第三十九条 国家建立、健全环境与健康监测、调查和风险评估制度；鼓励和组织开展环境质量对公众健康影响的研究，采取措施预防和控制与环境污染有关的疾病。

第四章　防治污染和其他公害

第四十条　国家促进清洁生产和资源循环利用。

国务院有关部门和地方各级人民政府应当采取措施，推广清洁能源的生产和使用。

企业应当优先使用清洁能源，采用资源利用率高、污染物排放量少的工艺、设备以及废弃物综合利用技术和污染物无害化处理技术，减少污染物的产生。

第四十一条　建设项目中防治污染的设施，应当与主体工程同时设计、同时施工、同时投产使用。防治污染的设施应当符合经批准的环境影响评价文件的要求，不得擅自拆除或者闲置。

第四十二条　排放污染物的企业事业单位和其他生产经营者，应当采取措施，防治在生产建设或者其他活动中产生的废气、废水、废渣、医疗废物、粉尘、恶臭气体、放射性物质以及噪声、振动、光辐射、电磁辐射等对环境的污染和危害。

排放污染物的企业事业单位，应当建立环境保护责任制度，明确单位负责人和相关人员的责任。

重点排污单位应当按照国家有关规定和监测规范安装使用监测设备，保证监测设备正常运行，保存原始监测记录。

严禁通过暗管、渗井、渗坑、灌注或者篡改、伪造监测数据，或者不正常运行防治污染设施等逃避监管的方式违法排放污染物。

第四十三条　排放污染物的企业事业单位和其他生产经营者，应当按照国家有关规定缴纳排污费。排污费应当全部专项用于环境污染防治，任何单位和个人不得截留、挤占或者挪作他用。

依照法律规定征收环境保护税的，不再征收排污费。

第四十四条　国家实行重点污染物排放总量控制制度。重点污染物排放总量控制指标由国务院下达，省、自治区、直辖市人民政府分解落实。企业事业单位在执行国家和地方污染物排放标准的同时，应当遵守分解落实到本单位的重点污染物排放总量控制指标。

对超过国家重点污染物排放总量控制指标或者未完成国家确定的环境质量目标的地区，省级以上人民政府环境保护主管部门应当暂停审批其新增重点污染物排放总量的建设项目环境影响评价文件。

第四十五条　国家依照法律规定实行排污许可管理制度。

实行排污许可管理的企业事业单位和其他生产经营者应当按照排污许可证的要求排放污染物；未取得排污许可证的，不得排放污染物。

第四十六条 国家对严重污染环境的工艺、设备和产品实行淘汰制度。任何单位和个人不得生产、销售或者转移、使用严重污染环境的工艺、设备和产品。

禁止引进不符合我国环境保护规定的技术、设备、材料和产品。

第四十七条 各级人民政府及其有关部门和企业事业单位,应当依照《中华人民共和国突发事件应对法》的规定,做好突发环境事件的风险控制、应急准备、应急处置和事后恢复等工作。

县级以上人民政府应当建立环境污染公共监测预警机制,组织制定预警方案;环境受到污染,可能影响公众健康和环境安全时,依法及时公布预警信息,启动应急措施。

企业事业单位应当按照国家有关规定制定突发环境事件应急预案,报环境保护主管部门和有关部门备案。在发生或者可能发生突发环境事件时,企业事业单位应当立即采取措施处理,及时通报可能受到危害的单位和居民,并向环境保护主管部门和有关部门报告。

突发环境事件应急处置工作结束后,有关人民政府应当立即组织评估事件造成的环境影响和损失,并及时将评估结果向社会公布。

第四十八条 生产、储存、运输、销售、使用、处置化学物品和含有放射性物质的物品,应当遵守国家有关规定,防止污染环境。

第四十九条 各级人民政府及其农业等有关部门和机构应当指导农业生产经营者科学种植和养殖,科学合理施用农药、化肥等农业投入品,科学处置农用薄膜、农作物秸秆等农业废弃物,防止农业面源污染。

禁止将不符合农用标准和环境保护标准的固体废物、废水施入农田。施用农药、化肥等农业投入品及进行灌溉,应当采取措施,防止重金属和其他有毒有害物质污染环境。

畜禽养殖场、养殖小区、定点屠宰企业等的选址、建设和管理应当符合有关法律法规规定。从事畜禽养殖和屠宰的单位和个人应当采取措施,对畜禽粪便、尸体和污水等废弃物进行科学处置,防止污染环境。

县级人民政府负责组织农村生活废弃物的处置工作。

第五十条 各级人民政府应当在财政预算中安排资金,支持农村饮用水水源地保护、生活污水和其他废弃物处理、畜禽养殖和屠宰污染防治、土壤污染防治和农村工矿污染治理等环境保护工作。

第五十一条 各级人民政府应当统筹城乡建设污水处理设施及配套管网,固体废物的收集、运输和处置等环境卫生设施,危险废物集中处置设施、场所以及其他环境保护公共设施,并保障其正常运行。

第五十二条 国家鼓励投保环境污染责任保险。

第五章　信息公开和公众参与

第五十三条　公民、法人和其他组织依法享有获取环境信息、参与和监督环境保护的权利。

各级人民政府环境保护主管部门和其他负有环境保护监督管理职责的部门，应当依法公开环境信息、完善公众参与程序，为公民、法人和其他组织参与和监督环境保护提供便利。

第五十四条　国务院环境保护主管部门统一发布国家环境质量、重点污染源监测信息及其他重大环境信息。省级以上人民政府环境保护主管部门定期发布环境状况公报。

县级以上人民政府环境保护主管部门和其他负有环境保护监督管理职责的部门，应当依法公开环境质量、环境监测、突发环境事件以及环境行政许可、行政处罚、排污费的征收和使用情况等信息。

县级以上地方人民政府环境保护主管部门和其他负有环境保护监督管理职责的部门，应当将企业事业单位和其他生产经营者的环境违法信息记入社会诚信档案，及时向社会公布违法者名单。

第五十五条　重点排污单位应当如实向社会公开其主要污染物的名称、排放方式、排放浓度和总量、超标排放情况，以及防治污染设施的建设和运行情况，接受社会监督。

第五十六条　对依法应当编制环境影响报告书的建设项目，建设单位应当在编制时向可能受影响的公众说明情况，充分征求意见。

负责审批建设项目环境影响评价文件的部门在收到建设项目环境影响报告书后，除涉及国家秘密和商业秘密的事项外，应当全文公开；发现建设项目未充分征求公众意见的，应当责成建设单位征求公众意见。

第五十七条　公民、法人和其他组织发现任何单位和个人有污染环境和破坏生态行为的，有权向环境保护主管部门或者其他负有环境保护监督管理职责的部门举报。

公民、法人和其他组织发现地方各级人民政府、县级以上人民政府环境保护主管部门和其他负有环境保护监督管理职责的部门不依法履行职责的，有权向其上级机关或者监察机关举报。

接受举报的机关应当对举报人的相关信息予以保密，保护举报人的合法权益。

第五十八条　对污染环境、破坏生态，损害社会公共利益的行为，符合下列条件的社会组织可以向人民法院提起诉讼：

（一）依法在设区的市级以上人民政府民政部门登记；

（二）专门从事环境保护公益活动连续五年以上且无违法记录。

符合前款规定的社会组织向人民法院提起诉讼，人民法院应当依法受理。

提起诉讼的社会组织不得通过诉讼牟取经济利益。

第六章　法律责任

第五十九条　企业事业单位和其他生产经营者违法排放污染物，受到罚款处罚，被责令改正，拒不改正的，依法作出处罚决定的行政机关可以自责令改正之日的次日起，按照原处罚数额按日连续处罚。

前款规定的罚款处罚，依照有关法律法规按照防治污染设施的运行成本、违法行为造成的直接损失或者违法所得等因素确定的规定执行。

地方性法规可以根据环境保护的实际需要，增加第一款规定的按日连续处罚的违法行为的种类。

第六十条　企业事业单位和其他生产经营者超过污染物排放标准或者超过重点污染物排放总量控制指标排放污染物的，县级以上人民政府环境保护主管部门可以责令其采取限制生产、停产整治等措施；情节严重的，报经有批准权的人民政府批准，责令停业、关闭。

第六十一条　建设单位未依法提交建设项目环境影响评价文件或者环境影响评价文件未经批准，擅自开工建设的，由负有环境保护监督管理职责的部门责令停止建设，处以罚款，并可以责令恢复原状。

第六十二条　违反本法规定，重点排污单位不公开或者不如实公开环境信息的，由县级以上地方人民政府环境保护主管部门责令公开，处以罚款，并予以公告。

第六十三条　企业事业单位和其他生产经营者有下列行为之一，尚不构成犯罪的，除依照有关法律法规规定予以处罚外，由县级以上人民政府环境保护主管部门或者其他有关部门将案件移送公安机关，对其直接负责的主管人员和其他直接责任人员，处十日以上十五日以下拘留；情节较轻的，处五日以上十日以下拘留：

（一）建设项目未依法进行环境影响评价，被责令停止建设，拒不执行的；

（二）违反法律规定，未取得排污许可证排放污染物，被责令停止排污，拒不执行的；

（三）通过暗管、渗井、渗坑、灌注或者篡改、伪造监测数据，或者不正常运行防治污染设施等逃避监管的方式违法排放污染物的；

（四）生产、使用国家明令禁止生产、使用的农药，被责令改正，拒不改正的。

第六十四条　因污染环境和破坏生态造成损害的，应当依照《中华人民共和国侵权责任法》的有关规定承担侵权责任。

第六十五条 环境影响评价机构、环境监测机构以及从事环境监测设备和防治污染设施维护、运营的机构，在有关环境服务活动中弄虚作假，对造成的环境污染和生态破坏负有责任的，除依照有关法律法规规定予以处罚外，还应当与造成环境污染和生态破坏的其他责任者承担连带责任。

第六十六条 提起环境损害赔偿诉讼的时效期间为三年，从当事人知道或者应当知道其受到损害时起计算。

第六十七条 上级人民政府及其环境保护主管部门应当加强对下级人民政府及其有关部门环境保护工作的监督。发现有关工作人员有违法行为，依法应当给予处分的，应当向其任免机关或者监察机关提出处分建议。

依法应当给予行政处罚，而有关环境保护主管部门不给予行政处罚的，上级人民政府环境保护主管部门可以直接作出行政处罚的决定。

第六十八条 地方各级人民政府、县级以上人民政府环境保护主管部门和其他负有环境保护监督管理职责的部门有下列行为之一的，对直接负责的主管人员和其他直接责任人员给予记过、记大过或者降级处分；造成严重后果的，给予撤职或者开除处分，其主要负责人应当引咎辞职：

（一）不符合行政许可条件准予行政许可的；

（二）对环境违法行为进行包庇的；

（三）依法应当作出责令停业、关闭的决定而未作出的；

（四）对超标排放污染物、采用逃避监管的方式排放污染物、造成环境事故以及不落实生态保护措施造成生态破坏等行为，发现或者接到举报未及时查处的；

（五）违反本法规定，查封、扣押企业事业单位和其他生产经营者的设施、设备的；

（六）篡改、伪造或者指使篡改、伪造监测数据的；

（七）应当依法公开环境信息而未公开的；

（八）将征收的排污费截留、挤占或者挪作他用的；

（九）法律法规规定的其他违法行为。

第六十九条 违反本法规定，构成犯罪的，依法追究刑事责任。

第七章 附则

第七十条 本法自 2015 年 1 月 1 日起施行。

第三节　中华人民共和国水污染防治法

法律修订

1984年5月11日第六届全国人民代表大会常务委员会第五次会议通过

根据1996年5月15日第八届全国人民代表大会常务委员会第十九次会议《关于修改〈中华人民共和国水污染防治法〉的决定》第一次修正

2008年2月28日第十届全国人民代表大会常务委员会第三十二次会议修订

根据2017年6月27日第十二届全国人民代表大会常务委员会第二十八次会议《关于修改〈中华人民共和国水污染防治法〉的决定》第二次修正

正文

第一章　总　则

第一条　为了保护和改善环境，防治水污染，保护水生态，保障饮用水安全，维护公众健康，推进生态文明建设，促进经济社会可持续发展，制定本法。

第二条　本法适用于中华人民共和国领域内的江河、湖泊、运河、渠道、水库等地表水体以及地下水体的污染防治。

海洋污染防治适用《中华人民共和国海洋环境保护法》。

第三条　水污染防治应当坚持预防为主、防治结合、综合治理的原则，优先保护饮用水水源，严格控制工业污染、城镇生活污染，防治农业面源污染，积极推进生态治理工程建设，预防、控制和减少水环境污染和生态破坏。

第四条　县级以上人民政府应当将水环境保护工作纳入国民经济和社会发展规划。

地方各级人民政府对本行政区域的水环境质量负责，应当及时采取措施防治水污染。

第五条　省、市、县、乡建立河长制，分级分段组织领导本行政区域内江河、湖泊的水资源保护、水域岸线管理、水污染防治、水环境治理等工作。

第六条　国家实行水环境保护目标责任制和考核评价制度，将水环境保护目标完成情况作为对地方人民政府及其负责人考核评价的内容。

第七条 国家鼓励、支持水污染防治的科学技术研究和先进适用技术的推广应用，加强水环境保护的宣传教育。

第八条 国家通过财政转移支付等方式，建立健全对位于饮用水水源保护区区域和江河、湖泊、水库上游地区的水环境生态保护补偿机制。

第九条 县级以上人民政府环境保护主管部门对水污染防治实施统一监督管理。

交通主管部门的海事管理机构对船舶污染水域的防治实施监督管理。

县级以上人民政府水行政、国土资源、卫生、建设、农业、渔业等部门以及重要江河、湖泊的流域水资源保护机构，在各自的职责范围内，对有关水污染防治实施监督管理。

第十条 排放水污染物，不得超过国家或者地方规定的水污染物排放标准和重点水污染物排放总量控制指标。

第十一条 任何单位和个人都有义务保护水环境，并有权对污染损害水环境的行为进行检举。

县级以上人民政府及其有关主管部门对在水污染防治工作中做出显著成绩的单位和个人给予表彰和奖励。

第二章　水污染防治的标准和规划

第十二条 国务院环境保护主管部门制定国家水环境质量标准。

省、自治区、直辖市人民政府可以对国家水环境质量标准中未作规定的项目，制定地方标准，并报国务院环境保护主管部门备案。

第十三条 国务院环境保护主管部门会同国务院水行政主管部门和有关省、自治区、直辖市人民政府，可以根据国家确定的重要江河、湖泊流域水体的使用功能以及有关地区的经济、技术条件，确定该重要江河、湖泊流域的省界水体适用的水环境质量标准，报国务院批准后施行。

第十四条 国务院环境保护主管部门根据国家水环境质量标准和国家经济、技术条件，制定国家水污染物排放标准。

省、自治区、直辖市人民政府对国家水污染物排放标准中未作规定的项目，可以制定地方水污染物排放标准；对国家水污染物排放标准中已作规定的项目，可以制定严于国家水污染物排放标准的地方水污染物排放标准。地方水污染物排放标准须报国务院环境保护主管部门备案。

向已有地方水污染物排放标准的水体排放污染物的，应当执行地方水污染物排放标准。

第十五条 国务院环境保护主管部门和省、自治区、直辖市人民政府，应当根据水污染防治的要求和国家或者地方的经济、技术条件，适时修订水环境质量标准和水污染物排放标准。

第十六条 防治水污染应当按流域或者按区域进行统一规划。国家确定的重要江河、湖泊的流域水污染防治规划，由国务院环境保护主管部门会同国务院经济综合宏观调控、水行政等部门和有关省、自治区、直辖市人民政府编制，报国务院批准。

前款规定外的其他跨省、自治区、直辖市江河、湖泊的流域水污染防治规划，根据国家确定的重要江河、湖泊的流域水污染防治规划和本地实际情况，由有关省、自治区、直辖市人民政府环境保护主管部门会同同级水行政等部门和有关市、县人民政府编制，经有关省、自治区、直辖市人民政府审核，报国务院批准。

省、自治区、直辖市内跨县江河、湖泊的流域水污染防治规划，根据国家确定的重要江河、湖泊的流域水污染防治规划和本地实际情况，由省、自治区、直辖市人民政府环境保护主管部门会同同级水行政等部门编制，报省、自治区、直辖市人民政府批准，并报国务院备案。

经批准的水污染防治规划是防治水污染的基本依据，规划的修订须经原批准机关批准。

县级以上地方人民政府应当根据依法批准的江河、湖泊的流域水污染防治规划，组织制定本行政区域的水污染防治规划。

第十七条 有关市、县级人民政府应当按照水污染防治规划确定的水环境质量改善目标的要求，制定限期达标规划，采取措施按期达标。

有关市、县级人民政府应当将限期达标规划报上一级人民政府备案，并向社会公开。

第十八条 市、县级人民政府每年在向本级人民代表大会或者其常务委员会报告环境状况和环境保护目标完成情况时，应当报告水环境质量限期达标规划执行情况，并向社会公开。

第三章 水污染防治的监督管理

第十九条 新建、改建、扩建直接或者间接向水体排放污染物的建设项目和其他水上设施，应当依法进行环境影响评价。

建设单位在江河、湖泊新建、改建、扩建排污口的，应当取得水行政主管部门或者流域管理机构同意；涉及通航、渔业水域的，环境保护主管部门在审批环境影响评价文件时，应当征求交通、渔业主管部门的意见。

建设项目的水污染防治设施，应当与主体工程同时设计、同时施工、同时投入使用。水污染防治设施应当符合经批准或者备案的环境影响评价文件的要求。

第二十条 国家对重点水污染物排放实施总量控制制度。

重点水污染物排放总量控制指标，由国务院环境保护主管部门在征求国务院有关部门和各省、自治区、直辖市人民政府意见后，会同国务院经济综合宏观调控部门报国务院批准并下达实施。

省、自治区、直辖市人民政府应当按照国务院的规定削减和控制本行政区域的重点水污染物排放总量。具体办法由国务院环境保护主管部门会同国务院有关部门规定。

省、自治区、直辖市人民政府可以根据本行政区域水环境质量状况和水污染防治工作的需要，对国家重点水污染物之外的其他水污染物排放实行总量控制。

对超过重点水污染物排放总量控制指标或者未完成水环境质量改善目标的地区，省级以上人民政府环境保护主管部门应当会同有关部门约谈该地区人民政府的主要负责人，并暂停审批新增重点水污染物排放总量的建设项目的环境影响评价文件。约谈情况应当向社会公开。

第二十一条 直接或者间接向水体排放工业废水和医疗污水以及其他按照规定应当取得排污许可证方可排放的废水、污水的企业事业单位和其他生产经营者，应当取得排污许可证；城镇污水集中处理设施的运营单位，也应当取得排污许可证。排污许可证应当明确排放水污染物的种类、浓度、总量和排放去向等要求。排污许可的具体办法由国务院规定。

禁止企业事业单位和其他生产经营者无排污许可证或者违反排污许可证的规定向水体排放前款规定的废水、污水。

第二十二条 向水体排放污染物的企业事业单位和其他生产经营者，应当按照法律、行政法规和国务院环境保护主管部门的规定设置排污口；在江河、湖泊设置排污口的，还应当遵守国务院水行政主管部门的规定。

第二十三条 实行排污许可管理的企业事业单位和其他生产经营者应当按照国家有关规定和监测规范，对所排放的水污染物自行监测，并保存原始监测记录。重点排污单位还应当安装水污染物排放自动监测设备，与环境保护主管部门的监控设备联网，并保证监测设备正常运行。具体办法由国务院环境保护主管部门规定。

应当安装水污染物排放自动监测设备的重点排污单位名录，由设区的市级以上地方人民政府环境保护主管部门根据本行政区域的环境容量、重点水污染物排放总量控制指标的要求以及排污单位排放水污染物的种类、数量和浓度等因素，商同级有关部门确定。

第二十四条 实行排污许可管理的企业事业单位和其他生产经营者应当对监测数据的真实性和准确性负责。

环境保护主管部门发现重点排污单位的水污染物排放自动监测设备传输数据异常，应当及时进行调查。

第二十五条 国家建立水环境质量监测和水污染物排放监测制度。国务院环境保护主管部门负责制定水环境监测规范，统一发布国家水环境状况信息，会同国务院水行政等部门组织监测网络，统一规划国家水环境质量监测站(点)的设置，建立监测数据共享机制，加强对水环境监测的管理。

第二十六条 国家确定的重要江河、湖泊流域的水资源保护工作机构负责监测其所在流域的省界水体的水环境质量状况，并将监测结果及时报国务院环境保护主管部门和国务院水行政主管部门；有经国务院批准成立的流域水资源保护领导机构的，应当将监测结果及时报告流域水资源保护领导机构。

第二十七条 国务院有关部门和县级以上地方人民政府开发、利用和调节、调度水资源时，应当统筹兼顾，维持江河的合理流量和湖泊、水库以及地下水体的合理水位，保障基本生态用水，维护水体的生态功能。

第二十八条 国务院环境保护主管部门应当会同国务院水行政等部门和有关省、自治区、直辖市人民政府，建立重要江河、湖泊的流域水环境保护联合协调机制，实行统一规划、统一标准、统一监测、统一的防治措施。

第二十九条 国务院环境保护主管部门和省、自治区、直辖市人民政府环境保护主管部门应当会同同级有关部门根据流域生态环境功能需要，明确流域生态环境保护要求，组织开展流域环境资源承载能力监测、评价，实施流域环境资源承载能力预警。

县级以上地方人民政府应当根据流域生态环境功能需要，组织开展江河、湖泊、湿地保护与修复，因地制宜建设人工湿地、水源涵养林、沿河沿湖植被缓冲带和隔离带等生态环境治理与保护工程，整治黑臭水体，提高流域环境资源承载能力。

从事开发建设活动，应当采取有效措施，维护流域生态环境功能，严守生态保护红线。

第三十条 环境保护主管部门和其他依照本法规定行使监督管理权的部门，有权对管辖范围内的排污单位进行现场检查，被检查的单位应当如实反映情况，提供必要的资料。检查机关有义务为被检查的单位保守在检查中获取的商业秘密。

第三十一条 跨行政区域的水污染纠纷，由有关地方人民政府协商解决，或者由其共同的上级人民政府协调解决。

第四章　水污染防治措施

第一节　一般规定

第三十二条　国务院环境保护主管部门应当会同国务院卫生主管部门，根据对公众健康和生态环境的危害和影响程度，公布有毒有害水污染物名录，实行风险管理。

排放前款规定名录中所列有毒有害水污染物的企业事业单位和其他生产经营者，应当对排污口和周边环境进行监测，评估环境风险，排查环境安全隐患，并公开有毒有害水污染物信息，采取有效措施防范环境风险。

第三十三条　禁止向水体排放油类、酸液、碱液或者剧毒废液。

禁止在水体清洗装贮过油类或者有毒污染物的车辆和容器。

第三十四条　禁止向水体排放、倾倒放射性固体废物或者含有高放射性和中放射性物质的废水。

向水体排放含低放射性物质的废水，应当符合国家有关放射性污染防治的规定和标准。

第三十五条　向水体排放含热废水，应当采取措施，保证水体的水温符合水环境质量标准。

第三十六条　含病原体的污水应当经过消毒处理；符合国家有关标准后，方可排放。

第三十七条　禁止向水体排放、倾倒工业废渣、城镇垃圾和其他废弃物。

禁止将含有汞、镉、砷、铬、铅、氰化物、黄磷等的可溶性剧毒废渣向水体排放、倾倒或者直接埋入地下。

存放可溶性剧毒废渣的场所，应当采取防水、防渗漏、防流失的措施。

第三十八条　禁止在江河、湖泊、运河、渠道、水库最高水位线以下的滩地和岸坡堆放、存贮固体废弃物和其他污染物。

第三十九条　禁止利用渗井、渗坑、裂隙、溶洞，私设暗管，篡改、伪造监测数据，或者不正常运行水污染防治设施等逃避监管的方式排放水污染物。

第四十条　化学品生产企业以及工业集聚区、矿山开采区、尾矿库、危险废物处置场、垃圾填埋场等的运营、管理单位，应当采取防渗漏等措施，并建设地下水水质监测井进行监测，防止地下水污染。

加油站等的地下油罐应当使用双层罐或者采取建造防渗池等其他有效措施，并进行防渗漏监测，防止地下水污染。

禁止利用无防渗漏措施的沟渠、坑塘等输送或者存贮含有毒污染物的废水、含病原体的污水和其他废弃物。

第四十一条 多层地下水的含水层水质差异大的，应当分层开采；对已受污染的潜水和承压水，不得混合开采。

第四十二条 兴建地下工程设施或者进行地下勘探、采矿等活动，应当采取防护性措施，防止地下水污染。

报废矿井、钻井或者取水井等，应当实施封井或者回填。

第四十三条 人工回灌补给地下水，不得恶化地下水质。

第二节 工业水污染防治

第四十四条 国务院有关部门和县级以上地方人民政府应当合理规划工业布局，要求造成水污染的企业进行技术改造，采取综合防治措施，提高水的重复利用率，减少废水和污染物排放量。

第四十五条 排放工业废水的企业应当采取有效措施，收集和处理产生的全部废水，防止污染环境。含有毒有害水污染物的工业废水应当分类收集和处理，不得稀释排放。

工业集聚区应当配套建设相应的污水集中处理设施，安装自动监测设备，与环境保护主管部门的监控设备联网，并保证监测设备正常运行。

向污水集中处理设施排放工业废水的，应当按照国家有关规定进行预处理，达到集中处理设施处理工艺要求后方可排放。

第四十六条 国家对严重污染水环境的落后工艺和设备实行淘汰制度。

国务院经济综合宏观调控部门会同国务院有关部门，公布限期禁止采用的严重污染水环境的工艺名录和限期禁止生产、销售、进口、使用的严重污染水环境的设备名录。

生产者、销售者、进口者或者使用者应当在规定的期限内停止生产、销售、进口或者使用列入前款规定的设备名录中的设备。工艺的采用者应当在规定的期限内停止采用列入前款规定的工艺名录中的工艺。

依照本条第二款、第三款规定被淘汰的设备，不得转让给他人使用。

第四十七条 国家禁止新建不符合国家产业政策的小型造纸、制革、印染、染料、炼焦、炼硫、炼砷、炼汞、炼油、电镀、农药、石棉、水泥、玻璃、钢铁、火电以及其他严重污染水环境的生产项目。

第四十八条 企业应当采用原材料利用效率高、污染物排放量少的清洁工艺，并加强管理，减少水污染物的产生。

第三节 城镇水污染防治

第四十九条 城镇污水应当集中处理。

县级以上地方人民政府应当通过财政预算和其他渠道筹集资金，统筹安排建设城镇污水集中处理设施及配套管网，提高本行政区域城镇污水的收集率和处理率。

国务院建设主管部门应当会同国务院经济综合宏观调控、环境保护主管部门，根据城乡规划和水污染防治规划，组织编制全国城镇污水处理设施建设规划。县级以上地方人民政府组织建设、经济综合宏观调控、环境保护、水行政等部门编制本行政区域的城镇污水处理设施建设规划。县级以上地方人民政府建设主管部门应当按照城镇污水处理设施建设规划，组织建设城镇污水集中处理设施及配套管网，并加强对城镇污水集中处理设施运营的监督管理。

城镇污水集中处理设施的运营单位按照国家规定向排污者提供污水处理的有偿服务，收取污水处理费用，保证污水集中处理设施的正常运行。收取的污水处理费用应当用于城镇污水集中处理设施的建设运行和污泥处理处置，不得挪作他用。

城镇污水集中处理设施的污水处理收费、管理以及使用的具体办法，由国务院规定。

第五十条 向城镇污水集中处理设施排放水污染物，应当符合国家或者地方规定的水污染物排放标准。

城镇污水集中处理设施的运营单位，应当对城镇污水集中处理设施的出水水质负责。

环境保护主管部门应当对城镇污水集中处理设施的出水水质和水量进行监督检查。

第五十一条 城镇污水集中处理设施的运营单位或者污泥处理处置单位应当安全处理处置污泥，保证处理处置后的污泥符合国家标准，并对污泥的去向等进行记录。

第四节 农业和农村水污染防治

第五十二条 国家支持农村污水、垃圾处理设施的建设，推进农村污水、垃圾集中处理。

地方各级人民政府应当统筹规划建设农村污水、垃圾处理设施，并保障其正常运行。

第五十三条 制定化肥、农药等产品的质量标准和使用标准，应当适应水环境保护要求。

第五十四条 使用农药，应当符合国家有关农药安全使用的规定和标准。

运输、存贮农药和处置过期失效农药，应当加强管理，防止造成水污染。

第五十五条 县级以上地方人民政府农业主管部门和其他有关部门，应当采取措施，指导农业生产者科学、合理地施用化肥和农药，推广测土配方施肥技术和高效低毒低残留农药，控制化肥和农药的过量使用，防止造成水污染。

第五十六条 国家支持畜禽养殖场、养殖小区建设畜禽粪便、废水的综合利用或者无害化处理设施。

畜禽养殖场、养殖小区应当保证其畜禽粪便、废水的综合利用或者无害化处理设施正常运转，保证污水达标排放，防止污染水环境。

畜禽散养密集区所在地县、乡级人民政府应当组织对畜禽粪便污水进行分户收集、集中处理利用。

第五十七条 从事水产养殖应当保护水域生态环境，科学确定养殖密度，合理投饵和使用药物，防止污染水环境。

第五十八条 农田灌溉用水应当符合相应的水质标准，防止污染土壤、地下水和农产品。

禁止向农田灌溉渠道排放工业废水或者医疗污水。向农田灌溉渠道排放城镇污水以及未综合利用的畜禽养殖废水、农产品加工废水的，应当保证其下游最近的灌溉取水点的水质符合农田灌溉水质标准。

第五十九条 船舶排放含油污水、生活污水，应当符合船舶污染物排放标准。从事海洋航运的船舶进入内河和港口的，应当遵守内河的船舶污染物排放标准。

船舶的残油、废油应当回收，禁止排入水体。

禁止向水体倾倒船舶垃圾。

船舶装载运输油类或者有毒货物，应当采取防止溢流和渗漏的措施，防止货物落水造成水污染。

进入中华人民共和国内河的国际航线船舶排放压载水的，应当采用压载水处理装置或者采取其他等效措施，对压载水进行灭活等处理。禁止排放不符合规定的船舶压载水。

第六十条 船舶应当按照国家有关规定配置相应的防污设备和器材，并持有合法有效的防止水域环境污染的证书与文书。

船舶进行涉及污染物排放的作业，应当严格遵守操作规程，并在相应的记录簿上如实记载。

第六十一条 港口、码头、装卸站和船舶修造厂所在地市、县级人民政府应当统筹规划建设船舶污染物、废弃物的接收、转运及处理处置设施。

港口、码头、装卸站和船舶修造厂应当备有足够的船舶污染物、废弃物的接收设施。从事船舶污染物、废弃物接收作业，或者从事装载油类、污染危害性货物船舱清洗作业的单位，应当具备与其运营规模相适应的接收处理能力。

第六十二条 船舶及有关作业单位从事有污染风险的作业活动，应当按照有关法律法规和标准，采取有效措施，防止造成水污染。海事管理机构、渔业主管部门应当加强对船舶及有关作业活动的监督管理。

船舶进行散装液体污染危害性货物的过驳作业，应当编制作业方案，采取有效的安全和污染防治措施，并报作业地海事管理机构批准。

禁止采取冲滩方式进行船舶拆解作业。

第五章　饮用水水源和其他特殊水体保护

第六十三条　国家建立饮用水水源保护区制度。饮用水水源保护区分为一级保护区和二级保护区；必要时，可以在饮用水水源保护区外围划定一定的区域作为准保护区。

饮用水水源保护区的划定，由有关市、县人民政府提出划定方案，报省、自治区、直辖市人民政府批准；跨市、县饮用水水源保护区的划定，由有关市、县人民政府协商提出划定方案，报省、自治区、直辖市人民政府批准；协商不成的，由省、自治区、直辖市人民政府环境保护主管部门会同同级水行政、国土资源、卫生、建设等部门提出划定方案，征求同级有关部门的意见后，报省、自治区、直辖市人民政府批准。

跨省、自治区、直辖市的饮用水水源保护区，由有关省、自治区、直辖市人民政府商有关流域管理机构划定；协商不成的，由国务院环境保护主管部门会同同级水行政、国土资源、卫生、建设等部门提出划定方案，征求国务院有关部门的意见后，报国务院批准。

国务院和省、自治区、直辖市人民政府可以根据保护饮用水水源的实际需要，调整饮用水水源保护区的范围，确保饮用水安全。有关地方人民政府应当在饮用水水源保护区的边界设立明确的地理界标和明显的警示标志。

第六十四条　在饮用水水源保护区内，禁止设置排污口。

第六十五条　禁止在饮用水水源一级保护区内新建、改建、扩建与供水设施和保护水源无关的建设项目；已建成的与供水设施和保护水源无关的建设项目，由县级以上人民政府责令拆除或者关闭。

禁止在饮用水水源一级保护区内从事网箱养殖、旅游、游泳、垂钓或者其他可能污染饮用水水体的活动。

第六十六条　禁止在饮用水水源二级保护区内新建、改建、扩建排放污染物的建设项目；已建成的排放污染物的建设项目，由县级以上人民政府责令拆除或者关闭。

在饮用水水源二级保护区内从事网箱养殖、旅游等活动的，应当按照规定采取措施，防止污染饮用水水体。

第六十七条　禁止在饮用水水源准保护区内新建、扩建对水体污染严重的建设项目；改建建设项目，不得增加排污量。

第六十八条 县级以上地方人民政府应当根据保护饮用水水源的实际需要，在准保护区内采取工程措施或者建造湿地、水源涵养林等生态保护措施，防止水污染物直接排入饮用水水体，确保饮用水安全。

第六十九条 县级以上地方人民政府应当组织环境保护等部门，对饮用水水源保护区、地下水型饮用水源的补给区及供水单位周边区域的环境状况和污染风险进行调查评估，筛查可能存在的污染风险因素，并采取相应的风险防范措施。

饮用水水源受到污染可能威胁供水安全的，环境保护主管部门应当责令有关企业事业单位和其他生产经营者采取停止排放水污染物等措施，并通报饮用水供水单位和供水、卫生、水行政等部门；跨行政区域的，还应当通报相关地方人民政府。

第七十条 单一水源供水城市的人民政府应当建设应急水源或者备用水源，有条件的地区可以开展区域联网供水。

县级以上地方人民政府应当合理安排、布局农村饮用水水源，有条件的地区可以采取城镇供水管网延伸或者建设跨村、跨乡镇联片集中供水工程等方式，发展规模集中供水。

第七十一条 饮用水供水单位应当做好取水口和出水口的水质检测工作。发现取水口水质不符合饮用水水源水质标准或者出水口水质不符合饮用水卫生标准的，应当及时采取相应措施，并向所在地市、县级人民政府供水主管部门报告。供水主管部门接到报告后，应当通报环境保护、卫生、水行政等部门。

饮用水供水单位应当对供水水质负责，确保供水设施安全可靠运行，保证供水水质符合国家有关标准。

第七十二条 县级以上地方人民政府应当组织有关部门监测、评估本行政区域内饮用水水源、供水单位供水和用户水龙头出水的水质等饮用水安全状况。

县级以上地方人民政府有关部门应当至少每季度向社会公开一次饮用水安全状况信息。

第七十三条 国务院和省、自治区、直辖市人民政府根据水环境保护的需要，可以规定在饮用水水源保护区内，采取禁止或者限制使用含磷洗涤剂、化肥、农药以及限制种植养殖等措施。

第七十四条 县级以上人民政府可以对风景名胜区水体、重要渔业水体和其他具有特殊经济文化价值的水体划定保护区，并采取措施，保证保护区的水质符合规定用途的水环境质量标准。

第七十五条 在风景名胜区水体、重要渔业水体和其他具有特殊经济文化价值的水体的保护区内，不得新建排污口。在保护区附近新建排污口，应当保证保护区水体不受污染。

第六章 水污染事故处置

第七十六条 各级人民政府及其有关部门，可能发生水污染事故的企业事业单位，应当依照《中华人民共和国突发事件应对法》的规定，做好突发水污染事故的应急准备、应急处置和事后恢复等工作。

第七十七条 可能发生水污染事故的企业事业单位，应当制定有关水污染事故的应急方案，做好应急准备，并定期进行演练。

生产、储存危险化学品的企业事业单位，应当采取措施，防止在处理安全生产事故过程中产生的可能严重污染水体的消防废水、废液直接排入水体。

第七十八条 企业事业单位发生事故或者其他突发性事件，造成或者可能造成水污染事故的，应当立即启动本单位的应急方案，采取隔离等应急措施，防止水污染物进入水体，并向事故发生地的县级以上地方人民政府或者环境保护主管部门报告。环境保护主管部门接到报告后，应当及时向本级人民政府报告，并抄送有关部门。

造成渔业污染事故或者渔业船舶造成水污染事故的，应当向事故发生地的渔业主管部门报告，接受调查处理。其他船舶造成水污染事故的，应当向事故发生地的海事管理机构报告，接受调查处理；给渔业造成损害的，海事管理机构应当通知渔业主管部门参与调查处理。

第七十九条 市、县级人民政府应当组织编制饮用水安全突发事件应急预案。

饮用水供水单位应当根据所在地饮用水安全突发事件应急预案，制定相应的突发事件应急方案，报所在地市、县级人民政府备案，并定期进行演练。

饮用水水源发生水污染事故，或者发生其他可能影响饮用水安全的突发性事件，饮用水供水单位应当采取应急处理措施，向所在地市、县级人民政府报告，并向社会公开。有关人民政府应当根据情况及时启动应急预案，采取有效措施，保障供水安全。

第七章 法律责任

第八十条 环境保护主管部门或者其他依照本法规定行使监督管理权的部门，不依法作出行政许可或者办理批准文件的，发现违法行为或者接到对违法行为的举报后不予查处的，或者有其他未依照本法规定履行职责的行为的，对直接负责的主管人员和其他直接责任人员依法给予处分。

第八十一条 以拖延、围堵、滞留执法人员等方式拒绝、阻挠环境保护主管部门或者其他依照本法规定行使监督管理权的部门的监督检查，或者在接受监督检查时弄虚作假的，由县级以上人民政府环境保护主管部门或者其他依照本法规定行使监督管理权的部门责令改正，处二万元以上二十万元以下的罚款。

第八十二条 违反本法规定，有下列行为之一的，由县级以上人民政府环境保护主管部门责令限期改正，处二万元以上二十万元以下的罚款；逾期不改正的，责令停产整治：

（一）未按照规定对所排放的水污染物自行监测，或者未保存原始监测记录的；

（二）未按照规定安装水污染物排放自动监测设备，未按照规定与环境保护主管部门的监控设备联网，或者未保证监测设备正常运行的；

（三）未按照规定对有毒有害水污染物的排污口和周边环境进行监测，或者未公开有毒有害水污染物信息的。

第八十三条 违反本法规定，有下列行为之一的，由县级以上人民政府环境保护主管部门责令改正或者责令限制生产、停产整治，并处十万元以上一百万元以下的罚款；情节严重的，报经有批准权的人民政府批准，责令停业、关闭：

（一）未依法取得排污许可证排放水污染物的；

（二）超过水污染物排放标准或者超过重点水污染物排放总量控制指标排放水污染物的；

（三）利用渗井、渗坑、裂隙、溶洞，私设暗管，篡改、伪造监测数据，或者不正常运行水污染防治设施等逃避监管的方式排放水污染物的；

（四）未按照规定进行预处理，向污水集中处理设施排放不符合处理工艺要求的工业废水的。

第八十四条 在饮用水水源保护区内设置排污口的，由县级以上地方人民政府责令限期拆除，处十万元以上五十万元以下的罚款；逾期不拆除的，强制拆除，所需费用由违法者承担，处五十万元以上一百万元以下的罚款，并可以责令停产整治。

除前款规定外，违反法律、行政法规和国务院环境保护主管部门的规定设置排污口的，由县级以上地方人民政府环境保护主管部门责令限期拆除，处二万元以上十万元以下的罚款；逾期不拆除的，强制拆除，所需费用由违法者承担，处十万元以上五十万元以下的罚款；情节严重的，可以责令停产整治。

未经水行政主管部门或者流域管理机构同意，在江河、湖泊新建、改建、扩建排污口的，由县级以上人民政府水行政主管部门或者流域管理机构依据职权,依照前款规定采取措施、给予处罚。

第八十五条 有下列行为之一的,由县级以上地方人民政府环境保护主管部门责令停止违法行为,限期采取治理措施,消除污染,处以罚款;逾期不采取治理措施的,环境保护主管部门可以指定有治理能力的单位代为治理,所需费用由违法者承担:

(一)向水体排放油类、酸液、碱液的;

(二)向水体排放剧毒废液,或者将含有汞、镉、砷、铬、铅、氰化物、黄磷等的可溶性剧毒废渣向水体排放、倾倒或者直接埋入地下的;

(三)在水体清洗装贮过油类、有毒污染物的车辆或者容器的;

(四)向水体排放、倾倒工业废渣、城镇垃圾或者其他废弃物,或者在江河、湖泊、运河、渠道、水库最高水位线以下的滩地、岸坡堆放、存贮固体废弃物或者其他污染物的;

(五)向水体排放、倾倒放射性固体废物或者含有高放射性、中放射性物质的废水的;

(六)违反国家有关规定或者标准,向水体排放含低放射性物质的废水、热废水或者含病原体的污水的;

(七)未采取防渗漏等措施,或者未建设地下水水质监测井进行监测的;

(八)加油站等的地下油罐未使用双层罐或者采取建造防渗池等其他有效措施,或者未进行防渗漏监测的;

(九)未按照规定采取防护性措施,或者利用无防渗漏措施的沟渠、坑塘等输送或者存贮含有毒污染物的废水、含病原体的污水或者其他废弃物的。

有前款第三项、第四项、第六项、第七项、第八项行为之一的,处二万元以上二十万元以下的罚款。有前款第一项、第二项、第五项、第九项行为之一的,处十万元以上一百万元以下的罚款;情节严重的,报经有批准权的人民政府批准,责令停业、关闭。

第八十六条 违反本法规定,生产、销售、进口或者使用列入禁止生产、销售、进口、使用的严重污染水环境的设备名录中的设备,或者采用列入禁止采用的严重污染水环境的工艺名录中的工艺的,由县级以上人民政府经济综合宏观调控部门责令改正,处五万元以上二十万元以下的罚款;情节严重的,由县级以上人民政府经济综合宏观调控部门提出意见,报请本级人民政府责令停业、关闭。

第八十七条 违反本法规定,建设不符合国家产业政策的小型造纸、制革、印染、染料、炼焦、炼硫、炼砷、炼汞、炼油、电镀、农药、石棉、水泥、玻璃、钢铁、火电以及其他严重污染水环境的生产项目的,由所在地的市、县人民政府责令关闭。

第八十八条 城镇污水集中处理设施的运营单位或者污泥处理处置单位，处理处置后的污泥不符合国家标准，或者对污泥去向等未进行记录的，由城镇排水主管部门责令限期采取治理措施，给予警告；造成严重后果的，处十万元以上二十万元以下的罚款；逾期不采取治理措施的，城镇排水主管部门可以指定有治理能力的单位代为治理，所需费用由违法者承担。

第八十九条 船舶未配置相应的防污染设备和器材，或者未持有合法有效的防止水域环境污染的证书与文书的，由海事管理机构、渔业主管部门按照职责分工责令限期改正，处二千元以上二万元以下的罚款；逾期不改正的，责令船舶临时停航。

船舶进行涉及污染物排放的作业，未遵守操作规程或者未在相应的记录簿上如实记载的，由海事管理机构、渔业主管部门按照职责分工责令改正，处二千元以上二万元以下的罚款。

第九十条 违反本法规定，有下列行为之一的，由海事管理机构、渔业主管部门按照职责分工责令停止违法行为，处一万元以上十万元以下的罚款；造成水污染的，责令限期采取治理措施，消除污染，处二万元以上二十万元以下的罚款；逾期不采取治理措施的，海事管理机构、渔业主管部门按照职责分工可以指定有治理能力的单位代为治理，所需费用由船舶承担：

（一）向水体倾倒船舶垃圾或者排放船舶的残油、废油的；

（二）未经作业地海事管理机构批准，船舶进行散装液体污染危害性货物的过驳作业的；

（三）船舶及有关作业单位从事有污染风险的作业活动，未按照规定采取污染防治措施的；

（四）以冲滩方式进行船舶拆解的；

（五）进入中华人民共和国内河的国际航线船舶，排放不符合规定的船舶压载水的。

第九十一条 有下列行为之一的，由县级以上地方人民政府环境保护主管部门责令停止违法行为，处十万元以上五十万元以下的罚款；并报经有批准权的人民政府批准，责令拆除或者关闭：

（一）在饮用水水源一级保护区内新建、改建、扩建与供水设施和保护水源无关的建设项目的；

（二）在饮用水水源二级保护区内新建、改建、扩建排放污染物的建设项目的；

（三）在饮用水水源准保护区内新建、扩建对水体污染严重的建设项目，或者改建建设项目增加排污量的。

在饮用水水源一级保护区内从事网箱养殖或者组织进行旅游、垂钓或者其他可能污染饮用水水体的活动的，由县级以上地方人民政府环境保护主管部门责令停止违法行为，处二万元以上十万元以下的罚款。个人在饮用水水源一级保护区内游泳、垂钓或者从事其他可能污染饮用水水体的活动的，由县级以上地方人民政府环境保护主管部门责令停止违法行为，可以处五百元以下的罚款。

第九十二条　饮用水供水单位供水水质不符合国家规定标准的，由所在地市、县级人民政府供水主管部门责令改正，处二万元以上二十万元以下的罚款；情节严重的，报经有批准权的人民政府批准，可以责令停业整顿；对直接负责的主管人员和其他直接责任人员依法给予处分。

第九十三条　企业事业单位有下列行为之一的，由县级以上人民政府环境保护主管部门责令改正；情节严重的，处二万元以上十万元以下的罚款：

（一）不按照规定制定水污染事故的应急方案的；

（二）水污染事故发生后，未及时启动水污染事故的应急方案，采取有关应急措施的。

第九十四条　企业事业单位违反本法规定，造成水污染事故的，除依法承担赔偿责任外，由县级以上人民政府环境保护主管部门依照本条第二款的规定处以罚款，责令限期采取治理措施，消除污染；未按照要求采取治理措施或者不具备治理能力的，由环境保护主管部门指定有治理能力的单位代为治理，所需费用由违法者承担；对造成重大或者特大水污染事故的，还可以报经有批准权的人民政府批准，责令关闭；对直接负责的主管人员和其他直接责任人员可以处上一年度从本单位取得的收入百分之五十以下的罚款；有《中华人民共和国环境保护法》第六十三条规定的违法排放水污染物等行为之一，尚不构成犯罪的，由公安机关对直接负责的主管人员和其他直接责任人员处十日以上十五日以下的拘留；情节较轻的，处五日以上十日以下的拘留。

对造成一般或者较大水污染事故的，按照水污染事故造成的直接损失的百分之二十计算罚款；对造成重大或者特大水污染事故的，按照水污染事故造成的直接损失的百分之三十计算罚款。

造成渔业污染事故或者渔业船舶造成水污染事故的，由渔业主管部门进行处罚；其他船舶造成水污染事故的，由海事管理机构进行处罚。

第九十五条　企业事业单位和其他生产经营者违法排放水污染物，受到罚款处罚，被责令改正的，依法作出处罚决定的行政机关应当组织复查，发现其继续违法排放水污染物或者拒绝、阻挠复查的，依照《中华人民共和国环境保护法》的规定按日连续处罚。

第九十六条　因水污染受到损害的当事人，有权要求排污方排除危害和赔偿损失。

由于不可抗力造成水污染损害的，排污方不承担赔偿责任；法律另有规定的除外。

水污染损害是由受害人故意造成的，排污方不承担赔偿责任。水污染损害是由受害人重大过失造成的，可以减轻排污方的赔偿责任。

水污染损害是由第三人造成的，排污方承担赔偿责任后，有权向第三人追偿。

第九十七条 因水污染引起的损害赔偿责任和赔偿金额的纠纷，可以根据当事人的请求，由环境保护主管部门或者海事管理机构、渔业主管部门按照职责分工调解处理；调解不成的，当事人可以向人民法院提起诉讼。当事人也可以直接向人民法院提起诉讼。

第九十八条 因水污染引起的损害赔偿诉讼，由排污方就法律规定的免责事由及其行为与损害结果之间不存在因果关系承担举证责任。

第九十九条 因水污染受到损害的当事人人数众多的，可以依法由当事人推选代表人进行共同诉讼。

环境保护主管部门和有关社会团体可以依法支持因水污染受到损害的当事人向人民法院提起诉讼。

国家鼓励法律服务机构和律师为水污染损害诉讼中的受害人提供法律援助。

第一百条 因水污染引起的损害赔偿责任和赔偿金额的纠纷，当事人可以委托环境监测机构提供监测数据。环境监测机构应当接受委托，如实提供有关监测数据。

第一百零一条 违反本法规定，构成犯罪的，依法追究刑事责任。

第八章　附　　则

第一百零二条 本法中下列用语的含义：

（一）水污染，是指水体因某种物质的介入，而导致其化学、物理、生物或者放射性等方面特性的改变，从而影响水的有效利用，危害人体健康或者破坏生态环境，造成水质恶化的现象。

（二）水污染物，是指直接或者间接向水体排放的，能导致水体污染的物质。

（三）有毒污染物，是指那些直接或者间接被生物摄入体内后，可能导致该生物或者其后代发病、行为反常、遗传异变、生理机能失常、机体变形或者死亡的污染物。

（四）污泥，是指污水处理过程中产生的半固态或者固态物质。

（五）渔业水体，是指划定的鱼虾类的产卵场、索饵场、越冬场、洄游通道和鱼虾贝藻类的养殖场的水体。

第一百零三条 本法自2008年6月1日起施行。

第四节 优良种畜登记规则

农业部令第66号

第一条 为了培育优良种畜,提高种畜遗传质量,向社会推荐优良种畜,根据《中华人民共和国畜牧法》的有关规定,制定本规则。

第二条 本规则所称优良种畜,是指个体符合品种标准,综合鉴定等级为一级以上的种畜。

第三条 农业部主管全国优良种畜登记管理工作。省级人民政府畜牧行政主管部门主管本行政区域内优良种畜登记管理工作。

全国畜牧总站组织开展全国性优良种畜登记。省级畜牧技术推广机构组织开展本行政区域内的优良种畜登记。

畜牧行业协会配合畜牧技术推广机构实施优良种畜登记工作。

第四条 饲养《中国畜禽遗传资源目录》中牛、羊、猪、马、驴、骆驼、鹿、兔、犬等家畜的单位和个人,可以自愿申请优良种畜登记,任何机构不得强制。

第五条 申请优良种畜登记的单位和个人应当符合下列条件:

(一)取得种畜禽生产经营许可资格;

(二)畜牧主管部门备案的养殖场或者养殖小区;

(三)国家和省级畜禽遗传资源保护区内的养殖户;

(四)其他符合条件的单位和个人。

第六条 申请登记的种畜应当符合下列条件之一:

(一)双亲已登记的纯种;

(二)从国外引进已登记或者注册的原种;

(三)三代系谱记录完整的个体;

(四)其他符合优良种畜条件的个体。

第七条 申请优良种畜登记的单位和个人,应当向省级以上畜牧技术推广机构(以下简称登记机构)报送下列材料:

(一)申请表;

(二)申请报告和种畜系谱等资料;

(三)种畜照片;

(四)《种畜禽生产经营许可证》复印件。

第八条 登记机构应当自收到申请之日起30个工作日内完成审定，必要时可以组织现场审验或者技术检测。

通过审定的，予以登记公告，并由登记机构发放优良种畜证书；未通过审定的，登记机构应当书面通知申请人，并说明理由。

第九条 优良种畜登记实行一畜一卡，记录内容包括：

（一）基本情况：场（小区、站、户）名、品种、类型、个体编号、出生日期、出生地、综合鉴（评）定等级、登记时间、登记人等基础信息；

（二）系谱档案：三代系谱完整，并具有父本母本生产性能或遗传力评估的完整资料；

（三）外貌特征：种畜头部正面及左、右体侧照片各一张；

（四）生产性能：按各畜种登记卡的内容进行登记；

（五）优良种畜转让、出售、死亡、淘汰等情况。

第十条 优良种畜登记卡由专人负责填写和管理，登记信息应当录入计算机管理系统，不得随意涂改。

优良种畜登记卡等书面信息资料，至少保存5年；电子信息资料应当长期保存。

第十一条 登记的优良种畜淘汰、死亡的，畜主应当在30日内向登记机构报告。

登记的优良种畜转让、出售的，应当附优良种畜登记卡等相关资料，并办理变更手续。

第十二条 申请单位和个人以欺诈、贿赂等手段骗取登记的，撤销优良种畜登记。

已登记的种畜不再符合规定条件的，注销优良种畜登记。

第十三条 登记机构及其工作人员弄虚作假、玩忽职守造成后果的，依法给予处分；造成损失的，依法承担赔偿责任。

第十四条 本规则自2006年7月1日起施行。

第五节 畜禽标识和养殖档案管理办法

农业部令第67号

第一章 总 则

第一条 为了规范畜牧业生产经营行为，加强畜禽标识和养殖档案管理，建立畜禽及畜禽产品可追溯制度，有效防控重大动物疫病，保障畜禽产品质量安全，依据《中华人民共和国畜牧法》《中华人民共和国动物防疫法》和《中华人民共和国农产品质量安全法》，制定本办法。

第二条 本办法所称畜禽标识是指经农业部批准使用的耳标、电子标签、脚环以及其他承载畜禽信息的标识物。

第三条 在中华人民共和国境内从事畜禽及畜禽产品生产、经营、运输等活动，应当遵守本办法。

第四条 农业部负责全国畜禽标识和养殖档案的监督管理工作。

县级以上地方人民政府畜牧兽医行政主管部门负责本行政区域内畜禽标识和养殖档案的监督管理工作。

第五条 畜禽标识制度应当坚持统一规划、分类指导、分步实施、稳步推进的原则。

第六条 畜禽标识所需费用列入省级人民政府财政预算。

第二章 畜禽标识管理

第七条 畜禽标识实行一畜一标，编码应当具有唯一性。

第八条 畜禽标识编码由畜禽种类代码、县级行政区域代码、标识顺序号共15位数字及专用条码组成。

猪、牛、羊的畜禽种类代码分别为1、2、3。

编码形式为：×（种类代码）－××××××（县级行政区域代码）－××××××××（标识顺序号）。

第九条 农业部制定并公布畜禽标识技术规范，生产企业生产的畜禽标识应当符合该规范规定。

省级动物疫病预防控制机构统一采购畜禽标识，逐级供应。

第十条 畜禽标识生产企业不得向省级动物疫病预防控制机构以外的单位和个人提供畜禽标识。

第十一条 畜禽养殖者应当向当地县级动物疫病预防控制机构申领畜禽标识，并按照下列规定对畜禽加施畜禽标识：

（一）新出生畜禽，在出生后30天内加施畜禽标识；30天内离开饲养地的，在离开饲养地前加施畜禽标识；从国外引进畜禽，在畜禽到达目的地10日内加施畜禽标识。

（二）猪、牛、羊在左耳中部加施畜禽标识，需要再次加施畜禽标识的，在右耳中部加施。

第十二条 畜禽标识严重磨损、破损、脱落后，应当及时加施新的标识，并在养殖档案中记录新标识编码。

第十三条 动物卫生监督机构实施产地检疫时，应当查验畜禽标识。没有加施畜禽标识的，不得出具检疫合格证明。

第十四条 动物卫生监督机构应当在畜禽屠宰前，查验、登记畜禽标识。

畜禽屠宰经营者应当在畜禽屠宰时回收畜禽标识，由动物卫生监督机构保存、销毁。

第十五条 畜禽经屠宰检疫合格后，动物卫生监督机构应当在畜禽产品检疫标志中注明畜禽标识编码。

第十六条 省级人民政府畜牧兽医行政主管部门应当建立畜禽标识及所需配套设备的采购、保管、发放、使用、登记、回收、销毁等制度。

第十七条 畜禽标识不得重复使用。

第三章 养殖档案管理

第十八条 畜禽养殖场应当建立养殖档案，载明以下内容：

（一）畜禽的品种、数量、繁殖记录、标识情况、来源和进出场日期；

（二）饲料、饲料添加剂等投入品和兽药的来源、名称、使用对象、时间和用量等有关情况；

（三）检疫、免疫、监测、消毒情况；

（四）畜禽发病、诊疗、死亡和无害化处理情况；

（五）畜禽养殖代码；

（六）农业部规定的其他内容。

第十九条 县级动物疫病预防控制机构应当建立畜禽防疫档案，载明以下内容：

（一）畜禽养殖场：名称、地址、畜禽种类、数量、免疫日期、疫苗名称、畜禽养殖代码、畜禽标识顺序号、免疫人员以及用药记录等。

（二）畜禽散养户：户主姓名、地址、畜禽种类、数量、免疫日期、疫苗名称、畜禽标识顺序号、免疫人员以及用药记录等。

第二十条 畜禽养殖场、养殖小区应当依法向所在地县级人民政府畜牧兽医行政主管部门备案，取得畜禽养殖代码。

畜禽养殖代码由县级人民政府畜牧兽医行政主管部门按照备案顺序统一编号，每个畜禽养殖场、养殖小区只有一个畜禽养殖代码。

畜禽养殖代码由 6 位县级行政区域代码和 4 位顺序号组成，作为养殖档案编号。

第二十一条 饲养种畜应当建立个体养殖档案，注明标识编码、性别、出生日期、父系和母系品种类型、母本的标识编码等信息。

种畜调运时应当在个体养殖档案上注明调出和调入地，个体养殖档案应当随同调运。

第二十二条 养殖档案和防疫档案保存时间:商品猪、禽为2年,牛为20年,羊为10年,种畜禽长期保存。

第二十三条 从事畜禽经营的销售者和购买者应当向所在地县级动物疫病预防控制机构报告更新防疫档案相关内容。

销售者或购买者属于养殖场的,应及时在畜禽养殖档案中登记畜禽标识编码及相关信息变化情况。

第二十四条 畜禽养殖场养殖档案及种畜个体养殖档案格式由农业部统一制定。

第四章 信息管理

第二十五条 国家实施畜禽标识及养殖档案信息化管理,实现畜禽及畜禽产品可追溯。

第二十六条 农业部建立包括国家畜禽标识信息中央数据库在内的国家畜禽标识信息管理系统。

省级人民政府畜牧兽医行政主管部门建立本行政区域畜禽标识信息数据库,并成为国家畜禽标识信息中央数据库的子数据库。

第二十七条 县级以上人民政府畜牧兽医行政主管部门根据数据采集要求,组织畜禽养殖相关信息的录入、上传和更新工作。

第五章 监督管理

第二十八条 县级以上地方人民政府畜牧兽医行政主管部门所属动物卫生监督机构具体承担本行政区域内畜禽标识的监督管理工作。

第二十九条 畜禽标识和养殖档案记载的信息应当连续、完整、真实。

第三十条 有下列情形之一的,应当对畜禽、畜禽产品实施追溯:

(一)标识与畜禽、畜禽产品不符;

(二)畜禽、畜禽产品染疫;

(三)畜禽、畜禽产品没有检疫证明;

(四)违规使用兽药及其他有毒、有害物质;

(五)发生重大动物卫生安全事件;

(六)其他应当实施追溯的情形。

第三十一条 县级以上人民政府畜牧兽医行政主管部门应当根据畜禽标识、养殖档案等信息对畜禽及畜禽产品实施追溯和处理。

第三十二条 国外引进的畜禽在国内发生重大动物疫情,由农业部会同有关部门进行追溯。

第三十三条 任何单位和个人不得销售、收购、运输、屠宰应当加施标识而没有标识的畜禽。

第六章 附 则

第三十四条 违反本办法规定的，按照《中华人民共和国畜牧法》《中华人民共和国动物防疫法》和《中华人民共和国农产品质量安全法》的有关规定处罚。

第三十五条 本办法自2006年7月1日起施行，2002年5月24日农业部发布的《动物免疫标识管理办法》(农业部令第13号)同时废止。

猪、牛、羊以外其他畜禽标识实施时间和具体措施由农业部另行规定。

第六章　国家肉羊核心育种场名单

第一批国家肉羊核心育种场名单

（农办牧〔2016〕46 号）

1. 天津奥群牧业有限公司
2. 内蒙古赛诺草原羊业有限公司
3. 朝阳市朝牧种畜场
4. 浙江赛诺生态农业有限公司
5. 嘉祥县种羊场
6. 临清润林牧业有限公司

第二批国家肉羊核心育种场名单

（农办种〔2018〕21 号）

1. 江苏乾宝牧业有限公司
2. 河南三阳畜牧股份有限公司
3. 河南中鹤牧业有限公司
4. 金昌中天羊业有限公司
5. 宁夏中牧亿林畜产股份有限公司